空调器维修
方法、技巧与实例

李志锋　主编

机械工业出版社

本书作者拥有近20年的空调器维修工作经验，并且长期在大型品牌空调器售后服务部门工作，掌握各大主流品牌空调器维修方法和技巧。本书是作者长期维修实践经验的结晶，书中内容都源于维修一线，实用性强。本书内含大量维修实物图片，并附有详细注释，重点介绍了空调器维修典型方法和实用技巧，主要内容包括更换空调器原装主板和代换通用板、空调器制冷系统故障、空调器室内机和室外机故障、柜式空调器故障、变频空调器故障。另外，本书附赠有空调器维修视频和空调器故障代码速查表（可通过"机械工业出版社E视界"微信公众号获取）。

本书适合空调器维修人员阅读，也可作为职业院校、培训学校制冷维修等专业学生的参考书。

图书在版编目（CIP）数据

空调器维修方法、技巧与实例 / 李志锋主编 . —北京：机械工业出版社，2021.4
ISBN 978-7-111-67550-1

Ⅰ.①空… Ⅱ.①李… Ⅲ.①空气调节器－维修 Ⅳ.① TM925.120.7

中国版本图书馆 CIP 数据核字（2021）第 029704 号

机械工业出版社（北京市百万庄大街 22 号　邮政编码 100037）
策划编辑：刘星宁　责任编辑：刘星宁
责任校对：王　延　封面设计：马精明
责任印制：李　昂
北京汇林印务有限公司印刷
2021 年 3 月第 1 版第 1 次印刷
184mm×260mm · 12 印张 · 296 千字
0 001—3 000
标准书号：ISBN 978-7-111-67550-1
定价：59.90 元

电话服务　　　　　　　网络服务
客服电话：010-88361066　机 工 官 网：www.cmpbook.com
　　　　　010-88379833　机 工 官 博：weibo.com/cmp1952
　　　　　010-68326294　金 书 网：www.golden-book.com
封底无防伪标均为盗版　机工教育服务网：www.cmpedu.com

　　随着人们居住条件的改善以及生活水平的提高，空调器已进入千家万户，不仅是挂式空调器，连价格较高的柜式空调器也已成为很多家庭的标配。根据有关数据可知，截至 2019 年，我国空调器的市场保有量已达 4.5 亿台。空调器维修服务的需求在不断增加，每年都有大量的新手进入这一行业，尤其是在夏天空调器使用量最大的时候，短期之内空调器维修人员的数量会激增。这些新进入的人员急需在短时间内掌握空调器基本维修方法和技巧，以便能够应付简单故障的维修，本书中介绍的换板维修和制冷故障维修等内容，正好可以满足这部分人员的需求。对有几年维修经验的熟手也能从本书介绍的有些内容中得到启示，如电控维修和对不同品牌空调器的维修等。

　　本书作者拥有近 20 年的空调器维修工作经验，并且长期在大型品牌空调器售后服务部门工作，掌握各大主流品牌空调器的维修方法和技巧。本书是作者长期维修实践经验的结晶，书中内容都源于维修一线，实用性强。本书内含大量维修实物图片，并附有详细注释，重点介绍了空调器维修典型方法和实用技巧，主要内容包括更换空调器原装主板和代换通用板、空调器制冷系统故障、空调器室内机和室外机故障、柜式空调器故障、变频空调器故障。另外，本书附赠有空调器维修视频和空调器故障代码速查表（可通过"机械工业出版社 E 视界"微信公众号获取）。

　　需要注意的是，为了与电路板上实际元器件文字符号保持一致，书中部分元器件文字符号未按国家标准给出。本书测量电子元器件时，如未特别说明，均使用数字万用表。

　　本书由李志锋主编，参与本书编写并为本书编写提供帮助的人员有李殿魁、李献勇、周涛、李嘉妍、李明相、李佳怡、班艳、王丽、殷大将、刘提、刘均、金闯、李佳静、金华勇、金坡、李文超、金科技、高立平、辛朝会、王松、陈文成、王志奎等。另外，值此成书之际，还要特别感谢李艳伟的大力支持和帮助。

　　由于作者能力水平所限，加之编写时间仓促，书中错漏之处难免，希望广大读者提出宝贵意见。

作　者

目　录 CONTENTS

感觉出风口很烫且风量很小

实测电流

测量室外机电流：实测高于额定值较多

静态压力：约1.0MPa

更换空调器原装主板和代换通用板

第一节　主板插座功能辨别方法

一、主板电路设计特点

① 主板根据工作电压不同，设计为 2 个区域：图 1-1、图 1-2 为主板强电 - 弱电区域分布的正面视图和反面视图，交流 220V 为强电区域，插座或接线端子使用红线表示；直流 5V 和 12V 为弱电区域，插座使用蓝线表示。

② 强电区域插座设计特点：大 2 针插座与压敏电阻并联的接变压器一次绕组，小 2 针插座（在整流二极管附近）的接变压器二次绕组，最大的 3 针插座接室内风机，压缩机继电器上方端子（下方焊点接熔丝管）的为 L 端供电，另 1 个端子接压缩机连接线，另外 2 个继电器的接线端子接室外风机和四通阀线圈连接线。

③ 弱电区域插座设计特点：2 针插座接传感器，3 针插座接室内风机霍尔反馈，5 针插座接步进电机，多针插座接显示板组件。

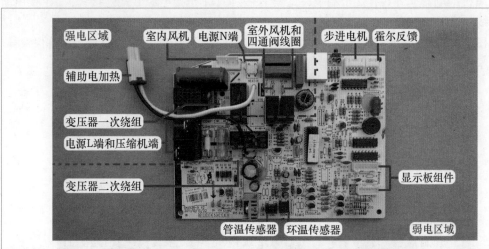

图 1-1　主板强电 - 弱电区域分布正面视图

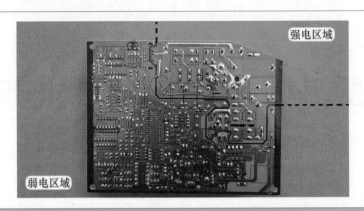

图 1-2　主板强电 - 弱电区域分布反面视图

④ 通过指示灯可以了解空调器的运行状态，通过接收器则可以改变空调器的运行状态，两者都是 CPU 与外界通信的窗口，因此通常将指示灯、接收器、应急开关等设计在一块电路板上，称为显示板组件（也称为显示电路板）。

⑤ 应急开关是在没有遥控器的情况下能够使用空调器的部件，通常有 2 种设计方法：一是直接焊在主板上；二是与指示灯、接收器一起设计在显示板组件上面。

⑥ 空调器工作电源交流 220V 供电 L 端是通过压缩机继电器上的接线端子输入，而 N 端则是直接输入。

⑦ 室外机负载（压缩机、室外风机、四通阀线圈）均为交流 220V 供电，3 个负载共用 N 端，由电源插头通过室内机接线端子和室内外机连接线直接供给；每个负载的 L 端供电则是主板通过控制继电器触点闭合或断开完成。

二、　主板插座设计特点

1. 主板交流 220V 供电和压缩机连接线端子

压缩机继电器上方共有 2 个端子，见图 1-3 左图，1 个接电源 L 端连接线，1 个接压缩机连接线。

见图 1-3 右图，压缩机继电器上电源 L 端连接线的端子下方焊点与熔丝管（俗称保险管）连接，压缩机连接线的端子下方焊点连接阻容元件（或焊点为空）。

图 1-3　压缩机继电器接线端子

见图 1-4，电源 N 端连接线则是电源插头直接供给，主板上标识为 N。

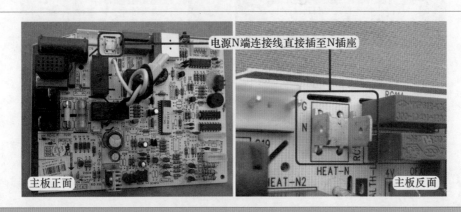

图 1-4　电源 N 端接线端子

2. 变压器一次绕组（俗称初级线圈）插座

2 针插座位于强电区域，见图 1-5，1 针焊点经熔丝管连接电源 L 端，1 针焊点连接电源 N 端。

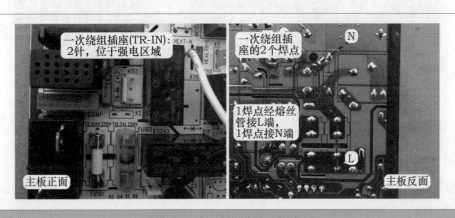

图 1-5　变压器一次绕组插座

3. 变压器二次绕组（俗称次级线圈）插座

2 针插座位于弱电区域，见图 1-6，也就是和 4 个整流二极管（或硅桥）最近的插座，2 针焊点均连接整流二极管。

4. 传感器插座

环温和管温传感器 2 个插座均为 2 针，见图 1-7，位于主板弱电区域，2 个插座的其中 1 针连在一起接直流 5V 或地，另 1 针接分压电阻送至 CPU 引脚。

5. 步进电机插座

5 针插座位于弱电区域，见图 1-8，其中 1 针焊点接直流 12V 电压，另外 4 针焊点接反相驱动器输出侧引脚。

6. 显示板组件（接收器、指示灯）插座

见图 1-9，插座引针的数量根据机型不同而不同，位于弱电区域；插座的多数引针焊点接弱电电路，由 CPU 控制。

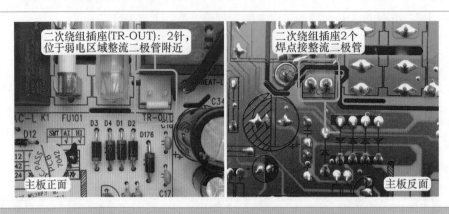

图 1-6　变压器二次绕组插座

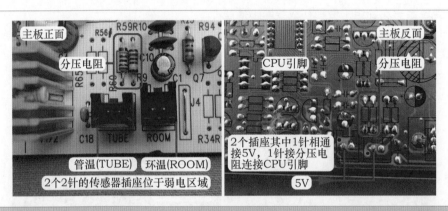

图 1-7　传感器插座

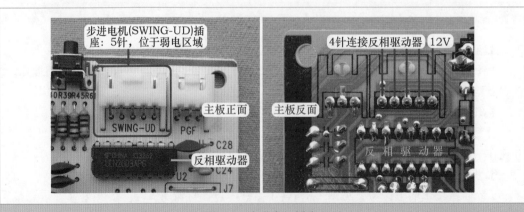

图 1-8　步进电机插座

注：部分空调器显示板组件插座的引针设计特点为，除直流电源地和5V两个引针外，其余引针全部与CPU引脚相连。

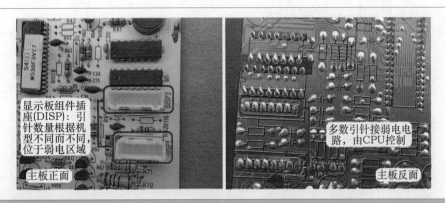

图 1-9　显示板组件插座

7. 霍尔反馈插座

3 针插座位于弱电区域，见图 1-10，1 针接直流 5V 电压、1 针接地、1 针为反馈通过电阻接 CPU 引脚。

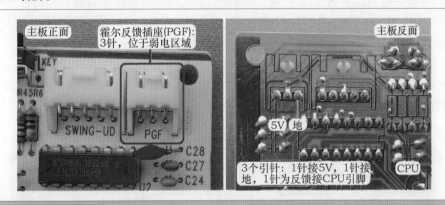

图 1-10　霍尔反馈插座

8. 室内风机（PG 电机）线圈供电插座

见图 1-11，3 针插座位于强电区域：1 针接光耦晶闸管，1 针接电容焊点，1 针接电源 N 端和电容焊点。

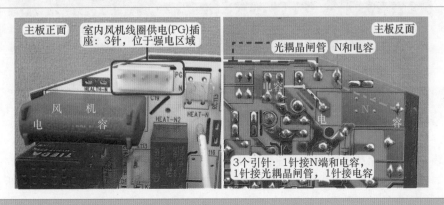

图 1-11　PG 电机线圈供电插座

9. 室外风机和四通阀线圈接线端子

位于强电区域，见图 1-12，2 个接线端子连接相对应的继电器触点。

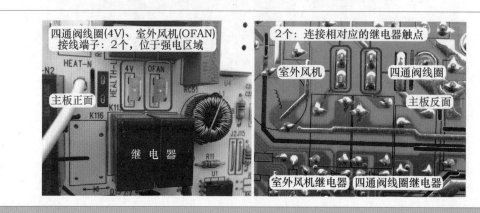

图 1-12　室外风机和四通阀线圈接线端子

注：室外风机和四通阀线圈连接线一端连接继电器触点（继电器型号相同），另一端接在室内机接线端子上，如果主板没有特别注明，区分比较困难，可以通过室内机外壳上电气接线图的标识判断。

10. 辅助电加热插头

2 根连接线位于强电区域，见图 1-13，1 根为白线通过继电器触点接电源 N 端，1 根为黑线通过继电器触点和熔丝管接电源 L 端。

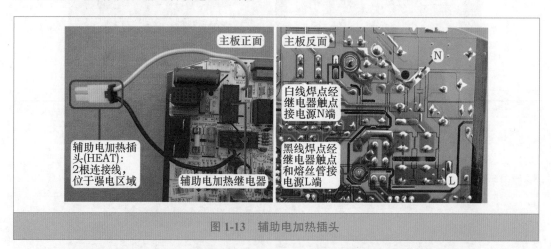

图 1-13　辅助电加热插头

第二节　安装挂式空调器原装主板

安装原装主板是指判断或确定原机主板损坏，使用和原机相同的主板更换时需要操作的步骤。本节以格力 KFR-23GW/（23570）Aa-3 的 1P 挂式空调器为例，介绍室内机主板损坏时，需要更换相同型号主板的操作步骤。

一、　主板和插头

　　图 1-14 左图为室内机主板主要插座和接线端子，由图可见，传感器、显示板组件插头等位于内侧，因此应优先安装这些插头，否则由于连接线不够长不能安装至主板插座。

　　图 1-14 右图为室内机连接线插头，主要有室内风机、室外机负载连接线、变压器插头、传感器插头等。

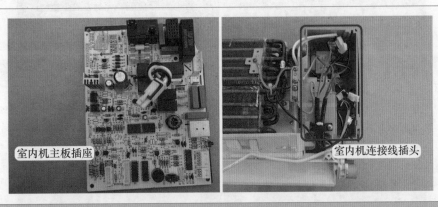

图 1-14　室内机主板插座和电控盒插头

二、　安装步骤

1. 跳线帽

　　室内机主板弱电区域中，见图 1-15，跳线帽插座标识为 JUMP。由于新主板只配有跳线帽插座，不配跳线帽，更换主板时应首先将跳线帽从旧主板上拆下，并安装至 JUMP 插座。如果更换主板时忘记安装跳线帽，则安装完成后通电试机，将显示 C5 代码。

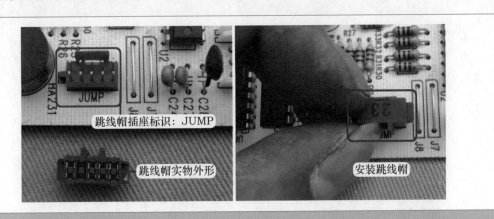

图 1-15　插座和安装跳线帽

2. 环温和管温传感器

　　见图 1-16，环温传感器安装在室内机进风口位置，主板弱电区域中对应插座标识为 ROOM；管温传感器检测孔焊接在蒸发器管壁，主板弱电区域中对应插座标识为 TUBE。

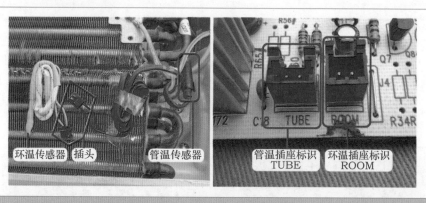

图 1-16　传感器和主板插座标识

见图 1-17，将环温传感器插头插在 ROOM 插座，将管温传感器插头插在 TUBE 插座。说明：2 个传感器插头形状不一样，如果插反，则安装不进去；并且目前新主板通常标配有环温和管温传感器，更换主板时不用安装插头，只需要将环温和管温传感器的探头安装在原位置即可。

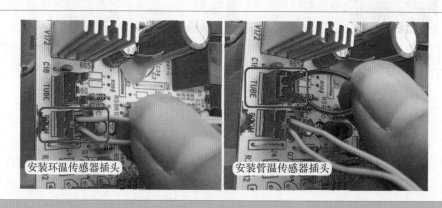

图 1-17　安装传感器插头

3. 显示板组件

见图 1-18，本机显示板组件固定在前面板中间位置，共有 2 组插头；主板弱电区域相对应设有 2 组插座，标识为 DISP1 和 DISP2。

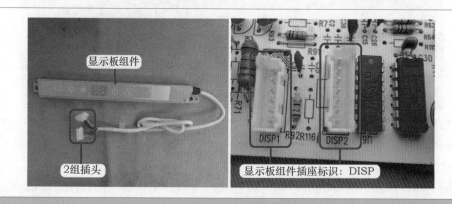

图 1-18　显示板组件和主板插座标识

见图 1-19，将 1 组 6 芯连接线的插头安装至主板 DISP1 插座，将另 1 组 7 芯连接线的插头安装至 DISP2 插座；2 组插头连接线数量不同，插头大小也不相同，如果插反，不能安装。

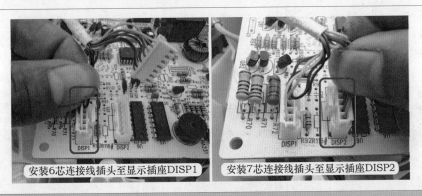

安装6芯连接线插头至显示插座DISP1　　安装7芯连接线插头至显示插座DISP2

图 1-19　安装显示板组件插头

4. 变压器

变压器共有 2 组插头，见图 1-20，大插头为一次绕组，插座位于强电区域，主板标识为 TR-IN；小插头为二次绕组，插座位于弱电区域，主板标识为 TR-OUT。

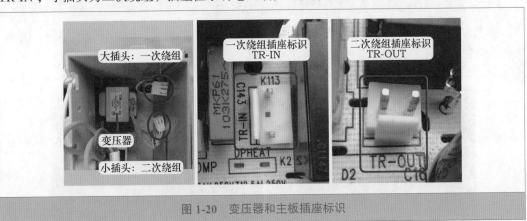

图 1-20　变压器和主板插座标识

见图 1-21，将小插头二次绕组插在主板 TR-OUT 插座，将大插头一次绕组插在主板 TR-IN 插座。

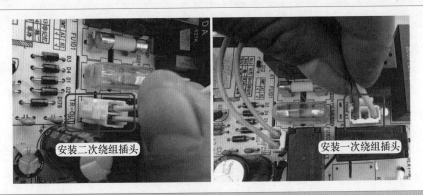

图 1-21　安装变压器插头

5. 电源输入连接线

见图 1-22 左图，电源输入连接线共有 3 根：棕线为相线 L、蓝线为零线 N、黄 / 绿线为地线，地线直接固定在地端子不用安装，更换主板只需要安装棕线 L 和蓝线 N。

见图 1-22 中图和右图，主板强电区域中压缩机继电器上方的 2 个端子，标有 AC-L 的端子对应为相线 L 输入、标有 COMP 的端子对应为压缩机连接线；标有 N 的端子为零线 N 输入。

图 1-22   电源输入连接线和主板端子标识

见图 1-23，将棕线插在压缩机继电器上方对应为 AC-L 的端子，为主板提供相线 L 供电；将蓝线插在 N 端子，为主板提供零线 N 供电。

图 1-23   安装主板输入连接线

6. 室外机连接线

见图 1-24 左图，连接室外机电控系统的连接线共使用 2 束 5 芯线。较粗的 1 束为 3 芯线：黑线为压缩机 COMP、蓝线为零线 N、黄 / 绿线为地线；较细的 1 束为 2 芯线：橙线为室外风机 OFAN、紫线为四通阀线圈 4V。

主板强电区域中，压缩机端子标识为 COMP，零线 N 端子标识为 N，室外风机端子标识为 OFAN，四通阀线圈端子标识为 4V，见图 1-24 右图。地线直接固定在地线端子不用安装。

见图 1-25，将 COMP 压缩机黑线插在主板压缩机继电器对应为 COMP 的端子；将零线 N 蓝线插在主板 N 端子，和电源输入连接线中的零线 N 直接相通。

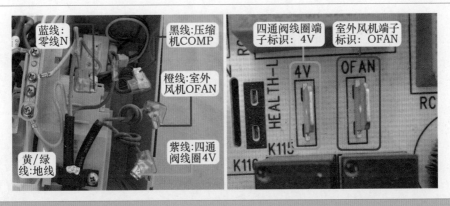

图 1-24　室外机连接线和主板端子标识

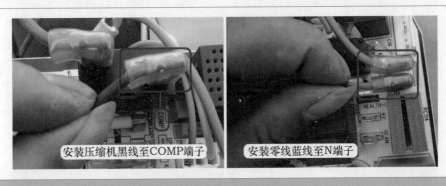

图 1-25　安装压缩机连接线和 N 零线

见图 1-26，将 OFAN 室外风机橙线插在主板 OFAN 端子；将 4V 四通阀线圈紫线插在主板 4V 端子。

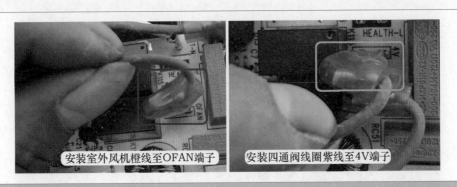

图 1-26　安装室外风机和四通阀线圈连接线

7. 室内风机（PG 电机）插头

PG 电机连接线由电控盒下方引出，见图 1-27，共有 2 组插头，大插头为线圈供电，插座位于强电区域，主板标识为 PG；小插头为霍尔反馈，插座位于弱电区域，主板标识为 PGF。

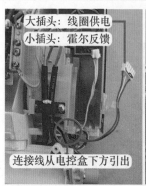
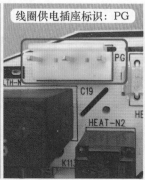

图 1-27　PG 电机插头和主板插座标识

　　见图 1-28 左图，将大插头（线圈供电）插在主板 PG 插座。见图 1-28 右图，将小插头（霍尔反馈）插在主板 PGF 插座。

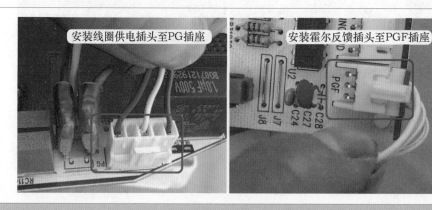

图 1-28　安装 PG 电机插头

8. 步进电机插头

　　步进电机插头共有 5 根连接线，见图 1-29，插座位于弱电区域，主板标识为 SWING-UD；将步进电机插头插在主板 SWING-UD 插座。

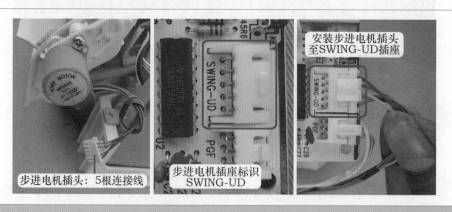

图 1-29　步进电机插头和安装

9. 辅助电加热插头

辅助电加热连接线由蒸发器右侧下方引出，见图 1-30 左图，共有 2 根较粗的连接线，使用对接插头。

见图 1-30 中图，辅助电加热对接插头连接线设在主板强电区域，标识为 HEAT-L 和 HEAT-N 端子，引出 2 根较粗的连接线，并连接对接插头。

见图 1-30 右图，将辅助电加热连接线和主板连接线的对接插头安装到位。

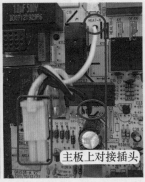

图 1-30　辅助电加热对接插头和安装

10. 安装完成

所有负载的连接线或插头，均安装在主板相对应的端子或插座，至此，更换室内机主板的步骤已全部完成。

第三节　使用通用板代换原机主板

一、原机系统和通用板

1. 原机电控系统说明

志高 KFR-51GW/H75+N3 挂式空调器，用户反映开机后室内机不吹风。上门检查，使用遥控器开机，室内风扇不运行，手摸室内风扇无振动感，说明主板未输出供电或室内风机线圈开路损坏。取下室内机外壳，抽出主板，见图 1-31 左图，查看主板已经有烧坏的痕迹，判断主板损坏，但由于暂时配不到原装主板，决定使用通用板进行代换。

断开空调器电源，见图 1-31 右图，取下原机的主板、变压器、环温和管温传感器，只保留连接线和插头。

2. 通用板套件

图 1-32 左图为某品牌的通用板套件，由通用板、变压器、遥控器、接线插等组成，设有环温和管温 2 个传感器，显示板组件设有接收器、应急开关按键、指示灯。通用板特点如下：

① 外观小巧，基本上都能装在代换空调器的电控盒内。

② 室内风机驱动电路由光电耦合器 + 晶闸管组成。

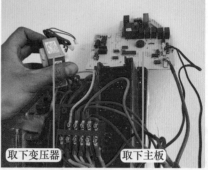

原机主板损坏　　取下变压器　　取下主板

图 1-31　主板损坏和取下

③ 自带室内风机电容，容量为 1.2μF。

④ 自带遥控器、变压器、接线插、双面胶，方便代换。

⑤ 自带环温和管温传感器且直接焊在通用板上面，无须担心插头插反。

⑥ 步进电机插座为 6 根引针，两端均为直流 12V。

⑦ 通用板上使用汉字标明接线端子作用，使代换过程更简单。

3. 主要接线端子

见图 1-32 右图，接线端子或插座主要有电源相线 L 输入（相线）、电源零线 N 输入（零线）、变压器（JP2）、室内风机（JP3）、压缩机、四通阀线圈（四通阀）、室外风机（外风机）、步进电机（摆风）、显示板组件（JP1），另外 2 个传感器的连接线均直接焊在通用板上面。

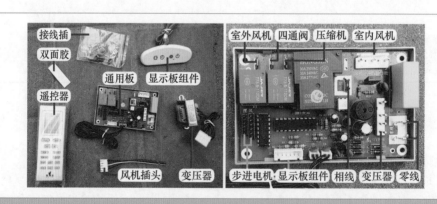

图 1-32　通用板套件和接线端子

4. 通用板电路特点

通用板步进电机插座未设计插托，见图 1-33 左图，而是直接将引针焊接在上面，这样是为了方便更改步进电机插头的方向，从而改变导风板的旋转方向；同时设有 2 个大小不一样的插座，可适应多品牌的步进电机插头，不用担心安装不进去。每组插座均设有 6 个引针，2 端均为直流 12V，中间 4 个引针接反相驱动器的输出端为驱动。

室内风机驱动电路主要由光电耦合器和晶闸管（俗称可控硅）组成，见图 1-33 右图，室内风机为 3 针插座，自带风机电容容量为 1.2μF，这样设计可使通用板既适用于原机室内风机为带霍尔反馈功能的 PG 电机，又可适用于使用继电器调节转速的抽头电机。

图 1-33　步进电机和室内风机插座

5. 电气接线图

图 1-34 左图为通用板包装盒附印的电气接线图，上面标注有端子需要连接的电气元件，通过查看电气连接图，可以完成代换通用板的过程。

图 1-34 右图为志高 KFR-51GW/H75+N3 挂式空调器电气接线图，从图中可以看出，室内风机使用继电器调速的抽头电机，且使用英文标识电气元件和连接线颜色，使得不容易判断，在代换过程中应使用万用表电阻挡测量阻值来分析连接线的功能。

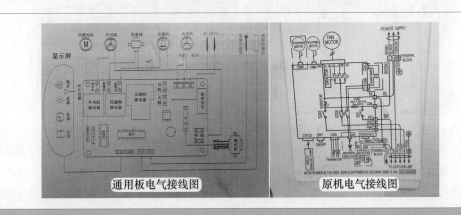

图 1-34　通用板和原机电气接线图

二、　代换步骤

1. 安装电源供电插头

由于原主板继电器烧毁，使得棕线和黑线表面绝缘层破损，使用防水胶布将破损部分包好。强电部分连接线共设有 5 根，见图 1-35 左图，其中 2 根为电源供电，3 根连接室外机负载。

2. 安装电源供电连接线

电源供电共有 2 根线，即相线和零线。电源供电相线标识为 L，通常为棕线，见图 1-36 左图，接线端子最左侧的端子标识为 L，连接电源插头，将 L 端子棕线插头安装至通用板标识为相线的端子。

图 1-35　强电接线端子和变压器

　　电源供电零线标识为 N，通常为蓝线，见图 1-36 右图，接线端子上标识为 2(N)，连接电源插头，将 2(N) 端子上蓝线插头安装至通用板标识为零线的端子。

图 1-36　安装电源供电连接线

3. 安装室外机负载插头

　　室外机负载共有 3 个，即压缩机、室外风机、四通阀线圈，由于原机的电气接线图为英文标识，不容易分辨，同时拆下原机主板时没有记录连接线的功能，此处介绍使用电阻法辨别连接线功能。

　　使用万用表电阻挡，1 表笔（红表笔）接 2(N) 端子零线蓝线，另 1 表笔（黑表笔）测量 3 根连接线阻值，实测约为 2Ω 的连接线为压缩机，见图 1-37 左图，本机为 1 号端子黑线。

　　见图 1-37 右图，将压缩机黑线插头安装至通用板标识为压缩机的端子。

　　1 表笔（黑表笔）接 2(N) 端子零线蓝线，另 1 表笔（红表笔）测量另外 2 根连接线阻值，实测约为 $2k\Omega$ 的连接线为四通阀线圈，见图 1-38 左图，本机为 3 号端子橙线。

　　见图 1-38 右图，将四通阀线圈橙线安装至通用板标识为四通阀的端子。

　　黑表笔不动依旧接 2(N) 端子零线蓝线，红表笔测量最后 1 根连接线阻值，实测约为 150Ω 的连接线为室外风机，见图 1-39 左图，本机为 4 号端子红线。

　　见图 1-39 右图，将室外风机红线安装至通用板标识为室外风机的端子。

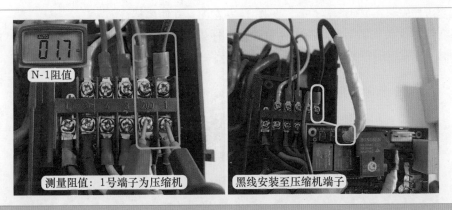

图1-37　测量阻值和安装压缩机连接线

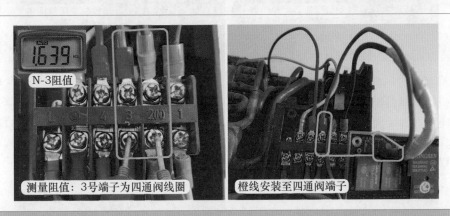

图1-38　测量阻值和安装四通阀线圈连接线

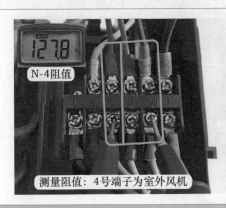

图1-39　测量阻值和安装室外风机连接线

4. 安装变压器和插头

通用板配套的变压器实物外形见图1-35右图，其共有1个4根线的插头，即将一次绕组（红线）和二次绕组（蓝线）集合在1个插头上面，不同的是，一次绕组间距较宽（中间有空挡）。

将变压器安装在原变压器位置，见图1-40左图，并使用螺钉固定。

将变压器插头安装至通用板的4针插座（标识JP2），见图1-40右图，由于一次绕组有空挡标识，相对应插座上引针距离较宽，因此安装插头插反时安装不进去。

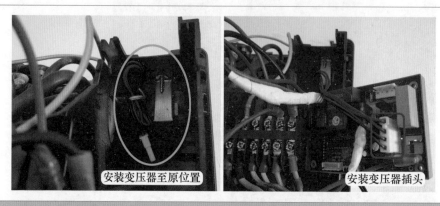

安装变压器至原位置   安装变压器插头

图1-40　安装变压器和插头

5. 安装室内风机插头

本机室内风机使用抽头电机，室内风机共有6根连接线，见图1-41，根据原机主板室内风机插座正面和反面标识可知，白线为零线接电源零线、橙线为电容接电容焊点、红线为电容接电容焊点、黄线为低速（低风）接继电器触点、蓝线为中速接继电器触点、黑线为高速接继电器触点。

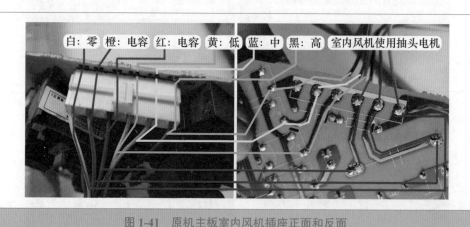

白：零 橙：电容 红：电容 黄：低 蓝：中 黑：高 室内风机使用抽头电机

图1-41　原机主板室内风机插座正面和反面

抽头电机的2根电容连接线，应1根接电源零线、1根接电容，但主板插座引针焊点均直接连接电容，应使用万用表电阻挡，测量连接线的功能。

红表笔接白线零线、黑表笔接电容橙线测量阻值，见图1-42左图，实测约为0Ω，说明橙线和白线相通接电源零线。

红表笔依旧接白线零线、黑表笔接电容红线测量阻值，见图1-42中图，实测为534Ω，说明红线为电容。

红表笔依旧接白线零线、黑表笔接各调速抽头测量阻值，见图1-42右图，实测白线-黄线（低速）阻值为 367Ω、白线 - 蓝线（中速）阻值为 345Ω、白线 - 黑线（高速）阻值为 287Ω，根据阻值测量结果，说明阻值越小、速度越高。

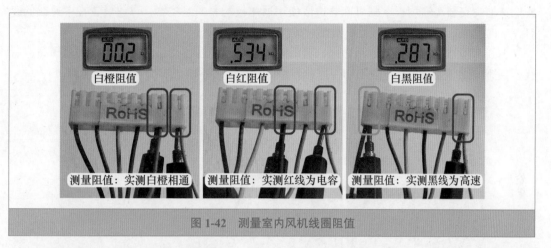

图 1-42　测量室内风机线圈阻值

通用板配套有室内风机连接线插头，见图 1-43 左图和中图，由于本机室内风机插头和通用板插座不适用，取下配套插头中的连接线，只保留插头，再将室内风机连接线安装至插头的插孔中。

将空插头对应通用板的室内风机插座，见图 1-43 右图，左侧插孔对应引针标识为风机，应连接室内风机高速抽头；中间插孔对应引针标识为零线，应连接室内风机零线连接线；右侧插孔对应引针标识为起动，应连接室内风机电容连接线。

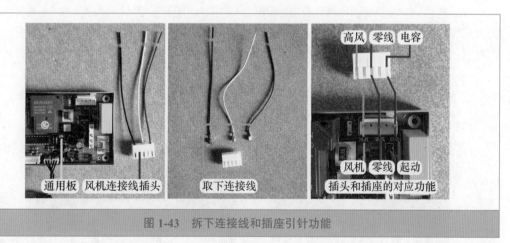

图 1-43　拆下连接线和插座引针功能

室内风机插头中白线为零线，见图 1-44 左图，将白线从原插头中抽出，安装至通用板插头的零线插孔，橙线保留在原插头中不用。说明：由于白线和橙线相通，将橙线安装至通用板插头的零线插孔，白线保留在原插头中不用，在实际使用时和白线安装至零线插孔中效果相同，室内风机均可正常运行。

室内风机插头中红线为电容，见图 1-44 中图，将红线从原插头中抽出，安装至通用板插头的起动插孔。

室内风机插头中黑线为高速抽头，见图 1-44 右图，将黑线从原插头中抽出，安装至通用板插头中的风机插孔。说明：通用板使用光电耦合器+晶闸管方式的室内风机电路，通过改变室内风机线圈的电压高低来改变转速，因此应选择室内风机的高速抽头，如果选择中速或低速抽头安装至通用板，则可能会造成使用通用板配套的遥控器，风速设置在中速或低速时，室内风机实际运行速度较慢的故障。

白线和橙线相通，本例选用白线，橙线空置不使用；调速抽头的3根连接线选择高速黑线，低速黄线、中速蓝线空置不用，因此原室内风机插头还剩余3根连接线未使用。

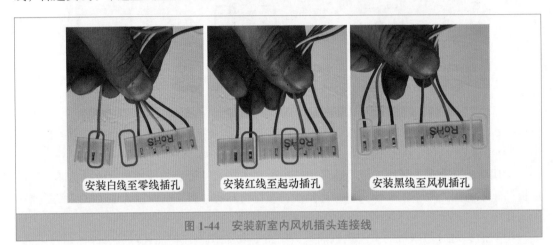

安装白线至零线插孔　　安装红线至起动插孔　　安装黑线至风机插孔

图 1-44　安装新室内风机插头连接线

见图1-45左图，将调整好的新室内风机插头（3根连接线），安装至通用板的室内风机3针插座（标识JP3）。

查看连接线对应的通用板插座功能标识，见图1-45右图，黑线为高速，对应为风机，白线为零线，对应为零线，红线为电容，对应为起动。根据对比，说明连接线和插座引针功能相对应。

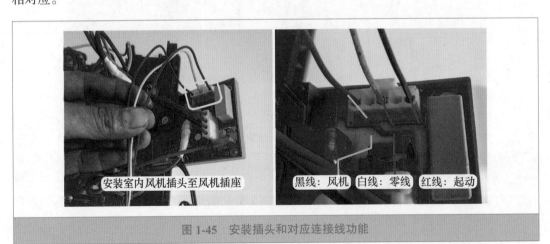

安装室内风机插头至风机插座　　黑线：风机　白线：零线　红线：起动

图 1-45　安装插头和对应连接线功能

6. 安装显示板组件插头

显示板组件设有4个指示灯、1个应急开关按键、1个接收器，见图1-46左图，共有1个6根连接线的插头。

见图1-46右图，将显示板组件插头安装至通用板6针的显示板组件插座（标识JP1）。

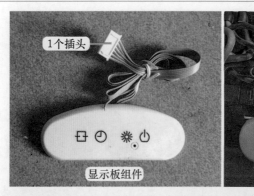
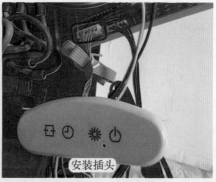

图 1-46 显示板组件和安装插头

7. 试机

此时，已将电源供电、室内风机、室外机负载、变压器、显示板组件的插头安装至通用板，由于室内风机为更改连接线，可试机检查室内风机转速是否过高或过低，如果是，可通过更改中速或低速的调速连接线来处理。

将空调器接通电源，见图 1-47，蜂鸣器响一声，显示板组件上指示灯点亮，使用遥控器开机，室内风扇开始运行，按压遥控器上的风速按键，室内风扇可高速或低速转换运行，没有出现风速过高或过低现象，室外风机和压缩机也开始运行，蒸发器温度也逐渐下降，说明制冷恢复正常。

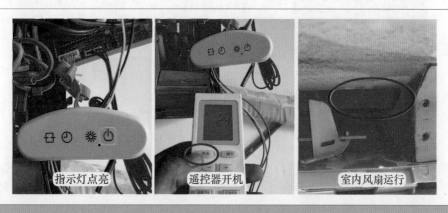

图 1-47 遥控器开机和室内风扇运行

8. 安装步进电机插头

步进电机插头共有 5 根连接线，其中 1 根为公共端接直流 12V，另外 4 根为驱动，接反相驱动器输出端，安装步进电机插头前应首先分辨公共端的连接线颜色，公共端一般在插头的一侧，见图 1-48，公共端可能为红线或蓝线。分辨时使用万用表电阻挡，1 表笔（红表笔）接红线，另 1 表笔（黑表笔）接中间连接线测量阻值，当阻值相等或接近时，那么红线就为公共端。例如，本例测量红线 - 橙线阻值约为 185Ω、测量红线 - 黄线阻值约为 185Ω、测量红线 - 粉线阻值约为 185Ω，说明红线为公共端。

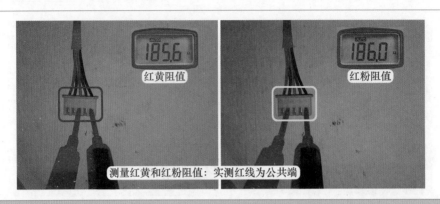

图 1-48　分辨公共端红线

通用板标识为摆风的插座连接步进电机，本机插头体积较大，应使用右侧引针插座。见图 1-49 左图，将步进电机插头中红线公共端对应 1 号引针直流 12V 安装至插座，此时 6 号引针直流 12V 空置未用，以红线公共端接直流 12V 为 1 号，则驱动顺序为 2（橙线）-3（黄线）-4（粉线）-5（蓝线）。

将空调器接通电源，见图 1-49 右图，通用板上电复位，查看导风板自动打开，使用遥控器开机时，导风板反方向运行自动关闭，使得室内风机吹出的风阻挡在导风板上面，造成噪声变大同时风不能吹出，说明导风板运行方向错误，处于相反的位置。

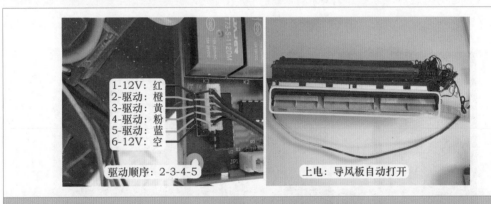

图 1-49　安装插头和导风板上电打开

调整方向很简单，拔下步进电机插头，见图 1-50 左图，将红线公共端对应 6 号引针直流 12V 安装至插座，同样，以红线公共端接直流 12V 为 1 号，则驱动顺序转换为 5（蓝线）-4（粉线）-3（黄线）-2（橙线）。

再次将空调器断开电源等待 1min 后重新上电，通用板上电复位，见图 1-50 右图，导风板自动关闭，使用遥控器开机，导风板自动打开，说明导风板运行方向正确。

9. 安装传感器探头

通用板共设有 2 个传感器，即环温和管温传感器，且插头直接焊接在通用板上面，代换通用板时无须安装，只要将探头安装在合适位置即可。

见图 1-51 左图，将管温传感器的铜头探头安装在蒸发器的检测孔内。

将环温传感器的塑封探头放置在塑料支架，见图 1-51 右图，并安装在蒸发器的进风面。

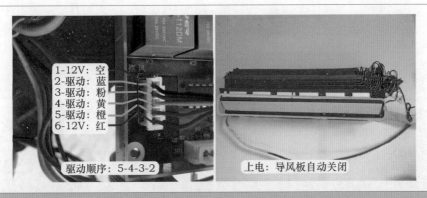

图 1-50　调换插头方向和导风板上电关闭

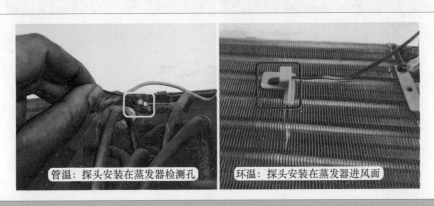

图 1-51　安装管温和环温传感器探头

10. 安装完成

本机通用板未设置驱动左右导风板的步进电机插座，见图 1-52 左图，因此红色的步进电机插头空闲不用，室内风机的原插头设有 6 根连接线，实际只使用 3 根，还剩余 3 根连接线安装在原插头，也空闲不用。

见图 1-52 中图，将左右步进电机和室内风机插头放置在电控盒的空闲位置。

整理通用板的连接线，见图 1-52 右图，再将通用板放置在电控盒的合适位置。

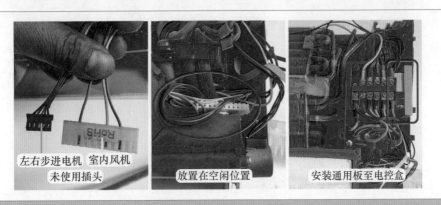

图 1-52　未使用插头和安装通用板

安装室内机外壳，见图 1-53，找出通用板配套的双面胶，一面粘在显示板组件上，另一面粘在室内机外壳合适的位置，用来固定显示板组件。至此，代换通用板的步骤全部完成。

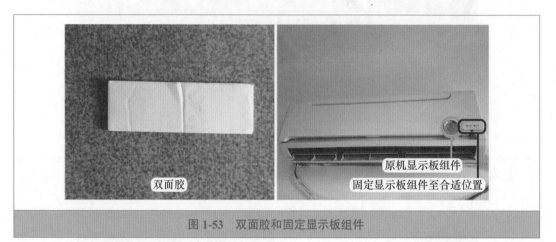

双面胶

原机显示板组件

固定显示板组件至合适位置

图 1-53　双面胶和固定显示板组件

第二章

空调器制冷系统故障

第一节　脏堵故障

一、 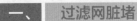 过滤网脏堵

故障说明：海尔 KFR-35GW 挂式空调器，用户反映制冷效果差。

1. 室外机接口状态和测量系统压力

上门检查，用户正在使用空调器。见图 2-1，查看室外机二通阀结露、三通阀结霜，在三通阀检修口接上压力表测量系统运行压力约为 0.4MPa。根据三通阀结霜说明蒸发器过冷，应检查室内机通风系统。

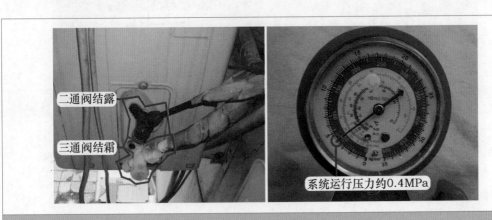

二通阀结露

三通阀结霜

系统运行压力约0.4MPa

图 2-1　三通阀结霜和压力为 0.4MPa

2. 过滤网脏堵

再到室内机检查，见图 2-2 左图，在室内机出风口处感觉温度很低但出风量较弱，常见原因有过滤网脏堵、蒸发器脏堵、室内风机转速慢等。

掀开进风格栅，见图 2-2 右图，查看过滤网已严重脏堵。

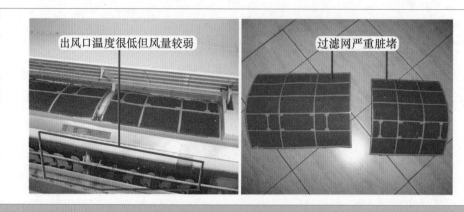

图 2-2　出风口温度和过滤网脏堵

3. 清洗过滤网

取下过滤网，立即能感觉到室内机出风口风量明显变大，见图 2-3 左图，将过滤网清洗干净。

见图 2-3 右图，安装过滤网后，在室内机出风口感觉温度较低但风量较强，同时房间内温度下降速度也明显变快。

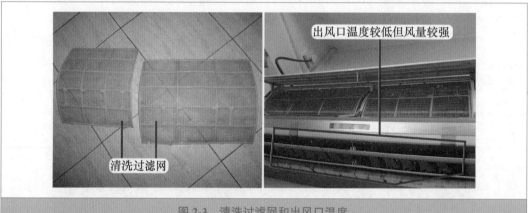

图 2-3　清洗过滤网和出风口温度

4. 室外机接口状态和测量系统压力

再到室外机查看，见图 2-4，三通阀霜层已熔化改为结露、二通阀不变依旧结露，查看系统运行压力已由 0.4MPa 上升至 0.45MPa。

维修措施：清洗过滤网。

总结：

① 过滤网脏堵，相当于进风口堵塞，室内机出风口风量将明显变弱，制冷时蒸发器产生的冷量不能及时吹出，导致蒸发器温度过低。运行一段时间后，三通阀因温度过低由结露转为结霜，同时系统压力降低，由 0.45MPa 下降至约 0.4MPa；如果运行时间再长一些，蒸发器由结露也转为结霜。

② 过滤网脏堵后，因室内机出风口温度较低，容易在出风口位置积结冷凝水并滴入房间内。运行时间过长导致蒸发器结霜，蒸发器表面的冷凝水不能通过翅片流入到接水盘，也容

易造成室内机漏水故障。

③ 检查过滤网脏堵，取下过滤网后，室内机出风口风量将明显变强，蒸发器冷量将及时吹出，因此蒸发器霜层和三通阀霜层迅速熔化，系统压力也迅速上升至 0.45MPa。

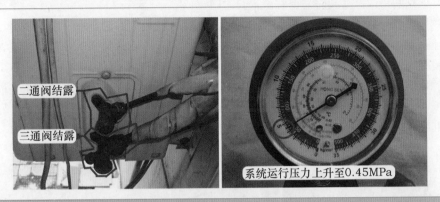

二通阀结露
三通阀结露
系统运行压力上升至0.45MPa

图 2-4　三通阀结露和压力为 0.45MPa

二、蒸发器反面脏堵

故障说明： 格力 KFR-120LW/E（1253L）V-SN5 柜式空调器，使用场所为门面房，用户反映制冷效果差，运行一段时间显示 E2 代码，代码含义为蒸发器防冻结保护。

1. 检查出风口和清洗过滤网

上门检查，空调器正常运行，见图 2-5 左图，将手放在室内机出风口处，感觉出风较凉但风量很小，到室外机查看，三通阀结霜，说明蒸发器温度过低。

取下室内机的进风格栅，抽出过滤网，发现严重脏堵，几乎不透气，将过滤网清洗干净后试机故障依旧，出风口处风量依然很小。

2. 查看室内风机转速

见图 2-5 右图，目测室内风机转速很快，按压"风速"按键转换高风 - 中风 - 低风时，能看到明显的速度变化。关闭空调器，待室内风机停止运行，双手扶住室内风扇（离心风扇），再次开机，室内机主板为室内风机供电后，感觉起动力量很强，初步判断室内风机转速正常。

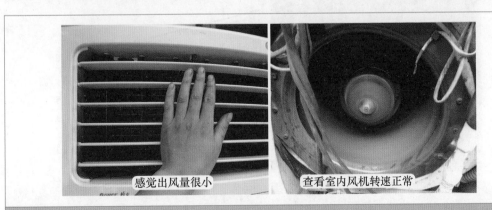

感觉出风量很小
查看室内风机转速正常

图 2-5　感觉出风口风量和查看室内风机转速

3. 蒸发器反面脏堵

如果过滤网清洗干净、室内风机转速正常，出风口处的风量仍然很小，还有一个最常见的原因是蒸发器反面脏堵。但由于查看蒸发器反面需要将室内机全部拆开，过程比较麻烦，主要是万一判断错误，安装时需要耽误很长时间。

为判断蒸发器反面是否脏堵，见图 2-6 左图，比较简单的方法是取下离心风扇，将手从进风口伸入，用手摸蒸发器反面来判断：如果脏堵，再拆开室内机清洗即可；如果正常，只需要安装离心风扇和进风口罩圈，实际维修时比较节省时间。

本例取下离心风扇，将手从进风口伸入摸蒸发器的反面，感觉尘土很多；于是取下室内机前面板、隔风挡板、出风框，松开蒸发器的固定螺钉，见图 2-6 右图，观察蒸发器反面已经严重脏堵，从上到下几乎全部附上了一层泥膜。

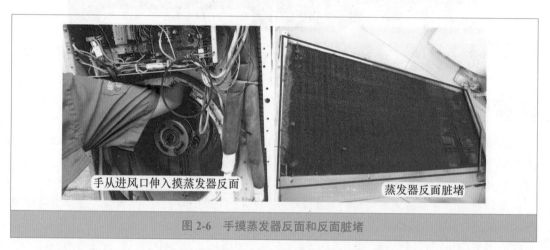

手从进风口伸入摸蒸发器反面　　蒸发器反面脏堵

图 2-6　手摸蒸发器反面和反面脏堵

维修措施：见图 2-7，使用毛刷从上到下轻轻刷过，刷掉附在蒸发器反面的泥膜，清洗干净后安装试机，在出风口感觉出风量明显变大，观察室外机三通阀结露不再结霜，长时间运行不再显示 E2 代码，房间温度也比清洗前下降得更快，故障排除。

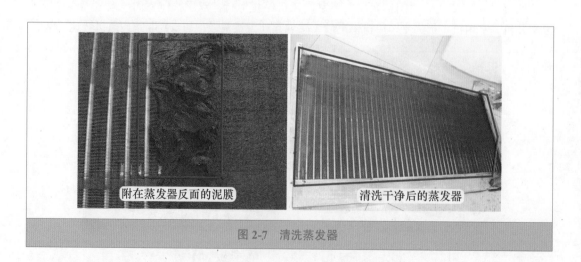

附在蒸发器反面的泥膜　　清洗干净后的蒸发器

图 2-7　清洗蒸发器

三、 冷凝器脏堵

故障说明：格力 KFR-32GW 挂式空调器，用户反映制冷效果差，长时间开机仍不能达到设定温度。

1. 查看室外机接口状态和测量运行压力

上门检查，用户正在使用空调器，在室内机出风口感觉吹出的风不是很凉，到室外机检查，见图 2-8，观察到二通阀干燥、三通阀结露，用手摸时感觉二通阀常温、三通阀冰凉，在三通阀检修口接上压力表，测量系统运行压力高于正常值，实测约 0.6MPa（本机使用 R22 制冷剂）。

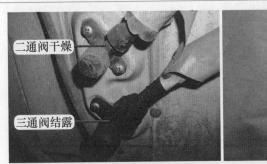

图 2-8 二通阀干燥和测量运行压力

2. 测量电流和感觉出风口温度

取下室外机接线盖，使用万用表交流电流挡，钳头夹住接线端子 1 号 N 端蓝线测量室外机电流，见图 2-9，实测约 9.3A，高于额定值 5.5A 较多。将手放在室外机出风口处，感觉温度很高但风量较弱。

图 2-9 测量电流和感觉出风口温度

3. 冷凝器脏堵

二通阀干燥、运行压力和电流均高于正常值、室外机出风口温度较高，说明冷凝器散热效果较差，常见原因有冷凝器脏堵或室外风机转速慢。观察室外机反面时，见图 2-10，发现冷凝器严重脏堵，已形成一层毛絮。

图 2-10　冷凝器反面脏堵

维修措施：见图 2-11，使用毛刷轻轻刷掉表面毛絮，再使用清水洗去冷凝器中的尘土，使冷凝器通风顺畅。安装外壳后再次开机，压缩机和室外风机运行，室内机出风口吹出的风明显变凉，约 15min 后查看二通阀和三通阀均结露，系统运行压力约 0.45MPa，室外机运行电流约 6A，室外机出风口温度明显下降，且冷凝器上部热、中部温、下部为自然风，综合判断说明故障排除。

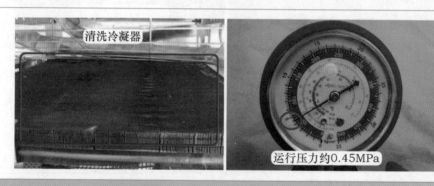

图 2-11　清洗冷凝器和测量运行压力

四、　冷凝器严重脏堵

故障说明：格力 KFR-120LW/E（12568L）A1-N2 柜式空调器，用户反映刚开机时制冷，但不定时停机并显示 E1 代码，早上或晚上可正常运行或运行很长时间才显示 E1 代码，中午开机时通常很快就显示 E1 代码，同时感觉制冷效果变差。查看 E1 代码含义为制冷系统高压保护。

1. 感觉出风口温度和测量系统运行压力

根据用户描述早上和晚上开机时间长、中午开机时间短，判断故障应在通风系统。上门检查，重新上电开机，室内机和室外机均开始运行，在室内机出风口感觉较凉，说明压缩机已开始运行。

到室外机检查，见图 2-12，将手放在室外机出风口，感觉出风口很烫并且风量很小；在室外机二通阀和三通阀的检修口均接上压力表，查看三通阀压力（低压）约 0.47MPa（本机使用 R22 制冷剂）、二通阀压力（高压）约 1.7MPa，但随着时间运行，三通阀和二通阀压力均慢慢上升，查看显示 E1 代码瞬间即室外机停机时，二通阀压力约 2.7MPa，接近高压压力开关 3.0MPa 的动作压力，判断本例显示 E1 代码的原因为压缩机排气管压力过高，导致高压压力开关触点断开。

图 2-12　感觉出风口温度和测量二通阀压力

2. 冷凝器严重脏堵

压缩机排气管压力过高通常是由于散热系统出现故障，常见有室外风机转速慢、冷凝器脏堵，此机为单位机房使用，刚购机约 1 年，可排除室外风机转速慢；见图 2-13，查看冷凝器反面时，发现整体已被灰尘完全堵死。

图 2-13　冷凝器严重脏堵

3. 清除灰尘

断开空调器电源，取下防护网，见图 2-14，使用毛刷轻轻地上下划过冷凝器，刷掉表面的灰尘，并将冷凝器全部清洗干净。

4. 清水清洗冷凝器和测量二通阀压力

将冷凝器表面灰尘全部清除，再将空调器开机，待室外风机运行时，使用毛刷反复横向划过冷凝器，可将翅片中的尘土吹出，待吹干净后，再将空调器关机，见图 2-15 左图，并使用清水清洗冷凝器，可将翅片中的尘土最大程度冲掉。

再次开机，通过长时间运行，空调器不再停机，也不再显示 E1 代码，同时制冷效果比清洗前好很多，见图 2-15 右图，测量系统压力，二通阀压力约 1.5MPa 且保持稳定不再上升、三通阀压力约 0.45MPa。

图 2-14 清除灰尘

图 2-15 清洗冷凝器和测量二通阀压力

总结：

① 冷凝器脏堵导致显示 E1 故障代码的比例约为 70%，尤其是单位（公家）机房、饭店等长期使用空调器的场所。

② 通常情况下，只要是用户反映不定时关机并显示 E1 代码，绝大部分就是冷凝器脏堵，有条件的情况下直接带上高压清洗水泵，清洗冷凝器后即可排除故障。

第二节　连接管道故障

一、　室内机接口漏氟

故障说明：新科 KFRd-26GW/C 挂式空调器，用户反映开机后不制冷，一段时间以后显示 E5 故障代码，见图 2-16 左图。查看故障代码表，此型号空调器没有设置 E5 故障代码，设置有 ES 故障代码，含义为无氟保护。

1. 感觉出风口温度

上门检查，使用遥控器开机，室内风机和室外机均开始运行，将手放在室内机出风口，见图 2-16 右图，感觉吹出风的温度接近自然风，说明不制冷。

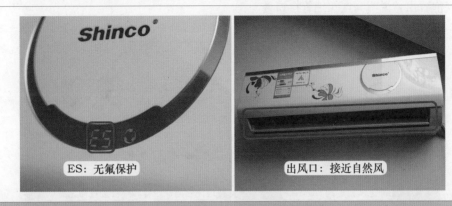

图 2-16　故障代码和出风口为自然风

2. 查看二三通阀和测量压力

到室外机检查，见图 2-17 左图，查看二通阀细管结霜、三通阀粗管干燥，细管结霜说明制冷系统缺少制冷剂（缺氟），也说明显示无氟保护的代码是由于制冷系统引起，排除电控系统引起的误判故障。

在三通阀检修口处接上压力表，测量系统运行压力，见图 2-17 右图，实测约为 0.05MPa（本机使用 R22 制冷剂），接近于 0MPa，也说明制冷系统的制冷剂泄漏较多。

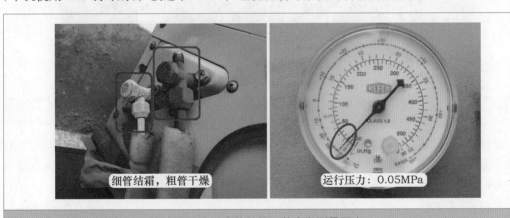

图 2-17　室外机接口状态和测量压力

3. 静态压力和查看室外机接口

使用遥控器关机，并断开空调器电源，查看系统静态的平衡压力约为 0.6MPa，此时压力较小不利于检查漏点，打开制冷剂钢瓶阀门，向制冷系统充入制冷剂，见图 2-18 左图，使静态压力约为 1.0MPa。

将毛巾淋湿、涂上洗洁精，轻揉出泡沫，再将泡沫涂在二通阀细管和三通阀粗管的螺母及堵帽处，见图 2-18 右图，仔细查看未见气泡冒出，且二通阀和三通阀表面干净均没有油迹,排除室外机接口出现漏点。

4. 查看室内机接口

再到室内机检查,剥开连接管道的包扎带,解开保温套时便感觉有油迹,将泡沫涂在粗管和细管的螺母接口处,见图 2-19,仔细查看粗管接口正常无气泡冒出,但细管接口螺母有微小的气泡冒出,说明漏点在细管接口处。

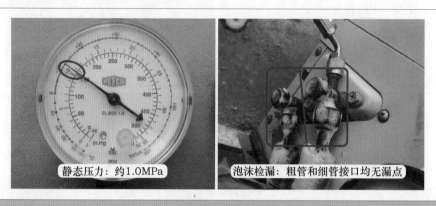

静态压力:约1.0MPa

泡沫检漏:粗管和细管接口均无漏点

图 2-18 静态压力和检查室外机接口

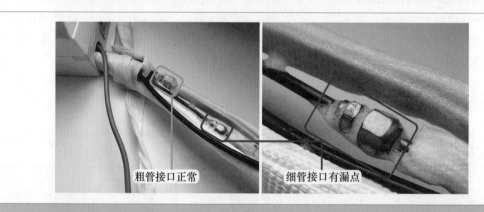

粗管接口正常

细管接口有漏点

图 2-19 检查室内机接口

维修措施:使用 2 个活动扳手使劲将细管螺母拧紧,再次使用泡沫检查时不再有气泡冒出,说明漏点已排除。再次将空调器开机,室外机运行后,补加制冷剂,使运行压力约为 0.45MPa 时制冷恢复正常,长时间运行不再显示 ES 故障代码。

总结:

① 制冷剂 R22 和压缩机内的润滑油互溶,制冷剂泄漏时通常将润滑油带出,使得泄漏点有油迹,如果漏点在室外机,由于有尘土,漏点部位则通常较脏。

② 本机故障代码 ES 含义为无氟保护,是主板 CPU 通过检测室内管温 – 室内环温的差值为判断依据,运行时蒸发器表面温度较低,则差值较大,主板 CPU 判断为制冷系统正常;假如因系统缺少制冷剂、压缩机电容损坏使得压缩机不能运行等原因,造成制冷开机后蒸发器温度接近室内环温,则差值较小,主板 CPU 判断为制冷系统有故障,则显示 ES 故障代码,并停止室外机供电进行保护。

二、　室内机粗管螺母漏氟

故障说明：海尔 KFR-72LW/01CCC12T 柜式空调器，用户反映不制冷。

1. 测量系统压力和室外机接口

上门检查，遥控器开机，室内风机运行，但出风口为自然风。到室外机检查，室外风机和压缩机均在运行，手摸二通阀和三通阀均为常温，说明空调器不制冷。

在三通阀检修口接上压力表，见图 2-20，测量系统运行压力为负压，说明系统无氟，使用遥控器关机，室外机停止运行，系统静态压力约 0.3MPa，向系统充入制冷剂 R22 使压力升至约 1.0MPa 用于检漏，首先检查室外机二通阀和三通阀接口无油迹，使用洗洁精泡沫检查无漏点，取下室外机顶盖，检查室外机系统和冷凝器无明显油迹，初步排除室外机漏氟故障。

系统运行压力为负压　　　检查室外机接口无漏点

图 2-20　测量压力和检查室外机接口

2. 室内机连接管道油迹较多

取下室内机进风格栅，解开包扎带，见图 2-21，发现连接管道有明显油迹，并且粗管油迹较多，初步判断漏氟部位在室内机。

连接管道有油迹　　　粗管油迹多

图 2-21　连接管道有油迹

3. 检查接口

见图2-22，将洗洁精泡沫涂在室内机粗管和细管接口，仔细查看，发现细管螺母正常，粗管螺母冒泡，说明此处漏氟，应使用大扳手拧紧。

4. 使用扳手紧固

使用2个大扳手，见图2-23，将粗管螺母使劲拧紧，再次使用洗洁精泡沫检查，依旧有气泡冒出，并且比拧紧之前速度更快，说明漏氟原因不是螺母没有拧紧，而是铜管喇叭口和快速接头没有对好。

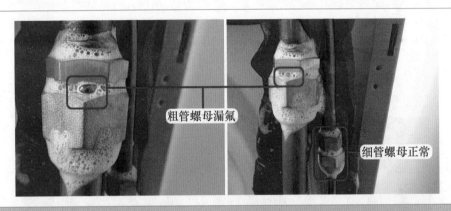

粗管螺母漏氟

细管螺母正常

图2-22　检查室内机接口

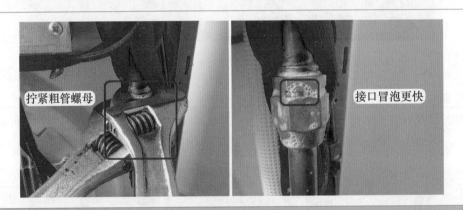

拧紧粗管螺母

接口冒泡更快

图2-23　紧固粗管螺母和用泡沫检查接口

5. 重新安装喇叭口

使用毛巾擦干螺母上泡沫，再次上电开机，回收制冷剂后断开空调器电源，见图2-24，使用扳手松开粗管螺母并取下，将粗管喇叭口和快速接头对好，再用一只手扶住铜管不动，另一只手安装粗管螺母并拧紧，再使用大扳手拧紧粗管螺母。

6. 检漏和包扎管道

打开二通阀阀芯，松开压力表处加氟管接口，排出室内机系统内空气后拧紧，查看此时系统静态压力仍约为1.0MPa，可用于检漏。见图2-25左图，再次使用洗洁精泡沫仔细检查粗管螺母，发现不再有气泡冒出，说明漏氟部位故障已排除。

完全打开二通阀和三通阀阀芯，再放空系统内制冷剂后，使用制冷剂 R22 顶空，排除系统内空气，并再次上电开机加氟，当压力至 0.35MPa 时停止加注，关机后再次使用泡沫检查粗管和细管接口，依旧无气泡冒出，见图 2-25 右图，使用包扎带包扎连接管道，安装进风格栅后再次上电开机，补加制冷剂 R22 至 0.45MPa 时系统制冷恢复正常。

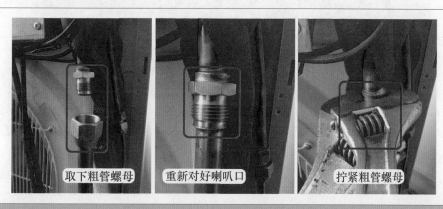

图 2-24　重新安装喇叭口和拧紧螺母

图 2-25　检漏和包扎管道

维修措施：重新安装粗管喇叭口并排空加氟，制冷恢复正常。

三、　室外机粗管螺母漏氟

故障说明：美的 KFR-23GW/DY-DA400(D3) 挂式空调器，用户反映不制冷，长时间开机房间温度不下降。

1. 感觉出风口温度和手摸蒸发器

上门检查，使用遥控器开机，室内风机运行，见图 2-26 左图，将手放在出风口，感觉不凉，吹出的风接近自然风。

掀开室内机前面板进风格栅，取下过滤网，查看蒸发器有很窄的一段结霜，见图 2-26 右图，手摸蒸发器大部分为常温，初步判断系统缺少制冷剂。

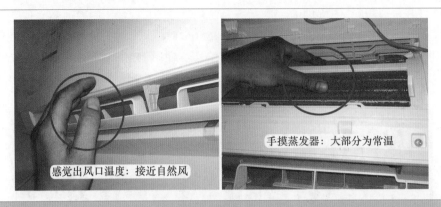

图 2-26　感觉出风口温度和手摸蒸发器

2. 查看室外机状态和测量压力

到室外机检查，室外风机和压缩机均在运行，见图 2-27 左图，目测二通阀细管结霜、三通阀表面有油迹。

在三通阀检修口接上压力表，测量系统运行压力，见图 2-27 右图，实测约为 0.1MPa（本机使用 R22 制冷剂），说明系统缺少制冷剂（缺氟）。

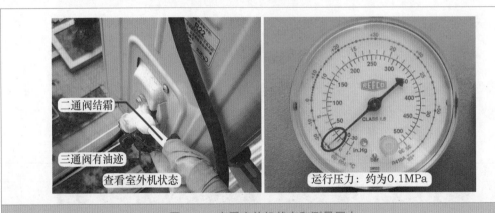

图 2-27　查看室外机状态和测量压力

3. 粗管螺母冒泡和紧固螺母

使用遥控器关机并断开空调器电源，压缩机停机，系统压力逐渐上升直至约为 0.9MPa，此压力可用于查找漏点。找一块淋湿的毛巾并倒上洗洁精揉出泡沫，由于三通阀粗管表面有油迹，首先将泡沫涂在三通阀螺母上面，见图 2-28 左图，查看有气泡冒出，说明粗管螺母处泄漏制冷剂。

使用活动扳手卡在粗管螺母上面，见图 2-28 右图，用力向上拧紧来紧固螺母。再次将泡沫涂在三通阀粗管上面，查看仍有气泡冒出，说明漏点不是由于螺母未拧紧引起。

4. 重新安装螺母和泡沫检漏

取下堵帽，使用内六方扳手关闭二通阀和三通阀的阀芯，打开压力表的阀门开关，放空室内机和连接管道的制冷剂，再使用扳手松开粗管螺母并取下，见图 2-29 左图，将粗管喇叭口对准三通阀锥面，慢慢用手拧紧螺母直至拧不动，再使用活动扳手紧固螺母。

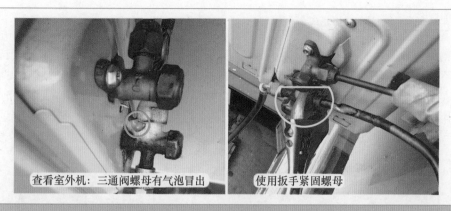

查看室外机：三通阀螺母有气泡冒出　　使用扳手紧固螺母

图 2-28　粗管螺母冒泡和紧固螺母

松开二通阀阀芯约 90°，再打开压力表开关用于排除蒸发器和连接管道的空气，约 30s 后关闭压力表开关，查看压力仍约为 0.8MPa，可用于检查漏点。见图 2-29 右图，将泡沫再次涂在三通阀粗管螺母上面，仔细查看无气泡冒出，说明漏点已排除。

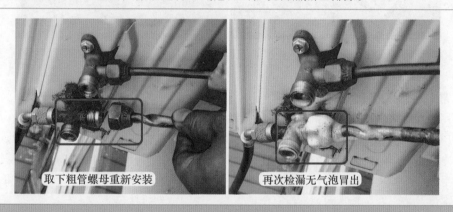

取下粗管螺母重新安装　　再次检漏无气泡冒出

图 2-29　重新安装螺母和用泡沫检漏

维修措施：见图 2-29，重新安装螺母。排空后完全打开二通阀和三通阀的阀芯并拧紧堵帽，再次使用遥控器开机，补加制冷剂至 0.45MPa 时制冷恢复正常，故障排除。

总结：

① 螺母处泄漏制冷剂常见原因有：螺母未拧紧、铜管喇叭口未对好、铜管喇叭口损坏、螺母有裂纹等。如果发现螺母处有漏点，可先使用扳手拧紧，如果查漏还有气泡冒出，则应该取下螺母，查看喇叭口是否损坏或偏小，如果正常，则应将喇叭口对准阀体的锥面后，用手将螺母拧紧，使之不能移动，再使用扳手拧紧螺母。

② 本例粗管螺母附近铜管已经拧扁，正常维修时应割掉铜管，再重新扩喇叭口检漏试机，但由于上门维修时没有携带扩口器，因而应急维修时只是取下螺母重新安装。

四、　连接管道焊点漏氟

故障说明：美的 KFR-23GW/DY-DA400(D3) 挂式空调器，用户反映刚安装时间不长，夏天使用时发现不制冷，报修后检查为系统缺氟，经加氟后使用不到 1 个星期便又开始不制冷，要求仔细检查。

1. 测量运行压力和电流

上门检查，使用遥控器开机，室内风机运行，在出风口感觉吹出风的温度接近自然风，空调器不制冷。到室外机检查，在三通阀检修口接上压力表，测量系统运行压力，见图 2-30 左图，查看为负压（约 -0.2MPa、本机使用 R22 制冷剂），说明系统内已基本无制冷剂。

使用万用表交流电流挡，见图 2-30 右图，钳头夹住室外机接线端子上 2 号 N 端蓝线，测量室外机电流，实测约为 1.4A，明显低于正常值，说明压缩机负载较小，间接说明系统缺少制冷剂。

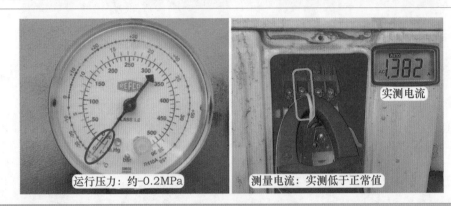

运行压力：约 -0.2MPa　　测量电流：实测低于正常值

图 2-30　测量运行压力和电流

2. 静态压力和检查室外机接口

使用遥控器关机，室外风机和压缩机停止运行，压力逐渐上升，见图 2-31 左图，最高至约 0.3MPa，也说明系统内制冷剂泄漏较多。由于约 0.3MPa 压力较低，无法用于检查漏点，打开制冷剂钢瓶阀门，向制冷系统内充注制冷剂，使静态压力升至约 1.0MPa，用于检漏。

将毛巾淋湿涂上洗洁精并揉出泡沫，见图 2-31 右图，涂在室外机的二通阀细管和三通阀粗管的螺母及堵帽处，长时间观察没有气泡冒出，说明室外机接口正常。

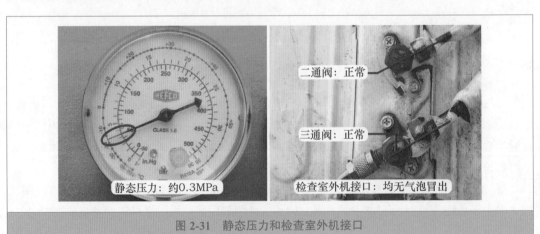

静态压力：约 0.3MPa　　二通阀：正常　三通阀：正常　检查室外机接口：均无气泡冒出

图 2-31　静态压力和检查室外机接口

3. 检查室内机接口和连接管道焊点

到室内机检查，剥开包扎带和保温套，见图 2-32 左图，将泡沫涂在粗管和细管的螺母处，仔细查看无气泡冒出，说明室内机接口正常。

本机室内机和室外机距离较远，中间加长有连接管道，而原机配管一般为3m，在距离室内机约3m的位置剥开包扎带，找到原机配管和加长连接管道的焊点，见图2-32右图，将泡沫涂在焊点上面，仔细查看粗管和细管的焊点均无气泡冒出，说明焊点正常。

4. 关闭二、三通阀阀芯

检查室内机接口、室外机接口、连接管道焊点均无气泡冒出，排除常见漏点位置，但本机1个星期前刚加过制冷剂，而目前又几乎泄漏完毕，系统中肯定有漏点存在，但室内机或室外机又不容易检查且范围太广，为缩小故障范围，区分故障是在室内机还是在室外机，见图2-33，取下二通阀和三通阀的堵帽，阀芯均位于全开的位置，查看此时系统静态的平衡压力约为1.0MPa，快速取下三通阀检修口上的加氟管，此时室内机和室外机的压力相等，使用内六方扳手（5mm）关闭二通阀和三通阀阀芯，并拧紧二通阀和三通阀及检修口的堵帽，使室内机（包括连接管道）和室外机的系统分段保压。

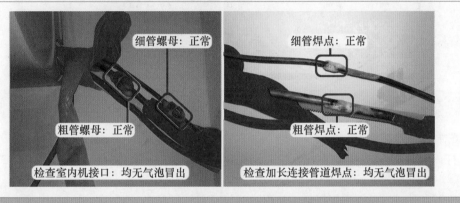

图 2-32　检查室内机接口和连接管道焊点

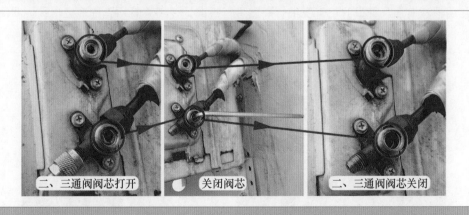

图 2-33　关闭二通阀和三通阀阀芯

5. 查看压力和连接管道焊点

待到第二天再去检查时，取下三通阀检修口堵帽，接上压力表测量室内机（包括连接管道）的压力，见图2-34左图，查看约为0.5MPa，和分段保护前的静态压力1.0MPa相比下降较多，说明室内机或连接管道有漏点。

再取下二通阀和三通阀堵帽，使用内六方扳手打开三通阀和二通阀阀芯，查看压力表压力由 0.5MPa 上升至约 0.7MPa，也说明分段保压时室外机系统压力高于室内机系统压力，漏点在室内机系统（包括连接管道）。

由于本机刚安装时间不久，且蒸发器漏点故障较少，而本机加长的连接管道较长（约有7m），再次仔细查看加长的连接管道，在墙壁的空调孔中找到一组焊点，将泡沫涂在粗管和细管的焊点上面，见图 2-34 右图，发现细管焊点有气泡冒出，说明细管焊点有沙眼，导致制冷剂泄漏。

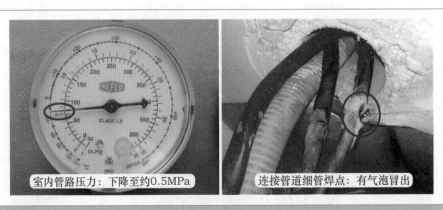

图 2-34　查看压力和焊点冒泡

6. 补焊和检查漏点

打开压力表开关，放掉制冷系统的制冷剂 R22，待压力降至约 0MPa 时，见图 2-35 左图，使用焊炬（焊枪）重新焊接细管焊点。

取下室外机二通阀细管螺母，使用制冷剂对室外机系统、室内机系统和连接管道进行顶空（排除空气），再拧紧细管螺母，继续补加制冷剂使压力升至约 1.0MPa，见图 2-35 右图，再次使用泡沫对加长管道的粗管及细管焊点进行查漏，仔细查看均无气泡冒出，说明漏点已排除。

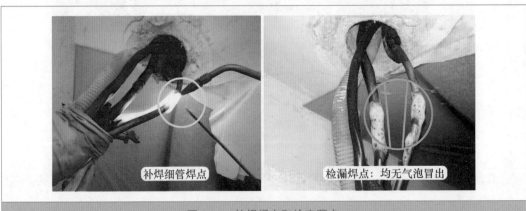

图 2-35　补焊焊点和检查漏点

维修措施：补焊漏点。使用遥控器开机，压缩机运行后，补加制冷剂使运行压力约为0.45MPa 时制冷恢复正常，室内机出风口温度较低，使用万用表交流电流挡，测量室外机接线端子 2 号 N 端电流约为 3.2A，说明制冷系统恢复正常，故障已排除。

总结：

① 本机由于加长的连接管道较长，使用 2 段管道进行连接，因而又增加 1 组焊点，且焊点位置刚好在墙壁的空调器孔内，查找不是很方便，增加了维修难度。

② 本例使用分段保压的方法，用来区分故障部位，可缩小检查的位置，原理是二通阀和三通阀的阀芯打开时，室内机和室外机的系统压力是相等的，记录此时的压力，再取下压力表，并关闭二通阀和三通阀阀芯（及安装堵帽），使室内机和室外机的系统分开保压。待一段时间以后，在三通阀检修口接上压力表，此时为室内机和连接管道的压力，如果低于分段保压前的压力较多，则为室内机系统有漏点；如果和分段保压前的压力基本相等，则为室内机系统基本正常。再使用内六方扳手打开三通阀和二通阀的阀芯，仔细查看压力表的压力是上升还是下降：如果是上升，则是室外机压力高于室内机压力，故障在室内机系统；如果是下降，则是室内机压力高于室外机压力，故障在室外机系统。

第三节　机内管道裂纹

一、蒸发器内漏

故障说明： 美的 KFR-35GW/DY-DA400(D3) 挂式空调器，用户反映刚购机一年左右，刚开始时使用正常，而入夏开始使用时发现不制冷，报修后检查为系统缺氟，经加氟后使用约 3 天后再次出现不制冷，要求上门检查。

1. 测量压力和电流

上门检查，地点在一火锅店，室内机安装在清洗餐具的池子上方。使用遥控器开机，室内风机运行，将手放在出风口，感觉吹出风的温度接近自然风，说明空调器不制冷。

到室外机检查，室外风机和压缩机均在运行，查看二通阀结霜、三通阀干燥，说明缺少制冷剂。在三通阀检修口接上压力表测量压力，见图 2-36 左图，实测约为 0MPa（本机使用 R22 制冷剂），判断系统已基本无制冷剂。

使用万用表交流电流挡，见图 2-36 右图，钳头夹住室外机接线端子上 2 号 N 端蓝线测量电流，实测约为 2.6A，低于额定值较多，说明压缩机负载较小，系统缺少制冷剂。

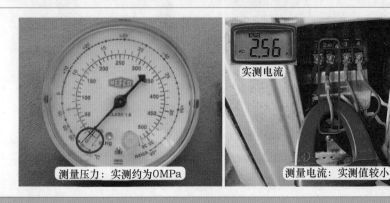

实测电流

测量压力：实测约为 0MPa　　　测量电流：实测值较小

图 2-36　测量压力和电流

2.检查室外机和室内机接口

使用遥控器关机并断开空调器电源，压缩机停止运行，系统压力逐渐上升，最高至约0.5MPa，因压力较低不利于检查漏点，打开制冷剂钢瓶阀门向系统内充入制冷剂，使压力升至约1.0MPa用于检查漏点。

将洗洁精涂在淋湿的毛巾上面，轻揉出泡沫，见图2-37左图，涂在二通阀和三通阀的螺母及堵帽上面，查看均无气泡冒出，说明室外机接口正常。

再将泡沫涂在室内机粗管和细管的螺母上面，见图2-37右图，查看均无气泡冒出，说明室内机接口正常。

图 2-37　检查室外机和室内机接口

3.检查连接管道焊点

本机室内机和室外机距离较远，中间加长了约10m的连接管道，因原机管道一般为3m，在距离室内机约3m的位置，剥开包扎带，查找到原机管道和加长管道的焊点，见图2-38左图，将泡沫涂在粗管和细管焊点，仔细查看均无气泡冒出，说明焊点正常。

到室外机查看，室外机接线端子上为原装连接线，顺着连接线找到接头，剥开包扎带和保温套，发现室外机侧的连接管道也有焊点，见图2-38右图，将泡沫涂在粗管和细管的焊点，仔细查看均无气泡冒出，说明焊点正常。

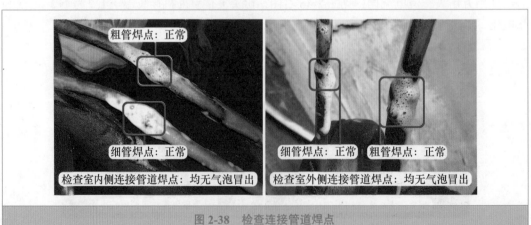

图 2-38　检查连接管道焊点

4. 查看蒸发器

由于接口和焊点均无漏点，应首先检查振动较大的室外机，取下室外机上盖和前盖，检查机内铜管和焊口位置，手摸均无油迹，初步判断室外机正常。

再到室内机检查，取下室内机外壳，蒸发器正面较为正常，见图 2-39，但左侧和右侧的铜管部分已经全部发黑，腐蚀较为严重。

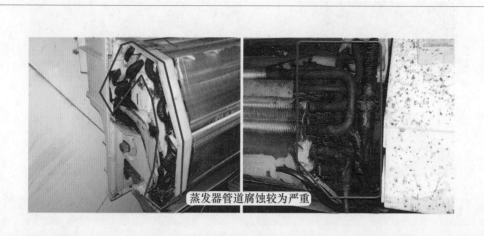

图 2-39　蒸发器管道腐蚀较为严重

5. 检查蒸发器管道和放入水池

将泡沫大面积地涂在蒸发器管道上面，见图 2-40 左图，仔细查看管壁和焊口位置均无气泡冒出，但由于室外机管道目测检查较为正常，且蒸发器管道腐蚀较为严重，因此应重点检查蒸发器。

取下室内机右侧的电控盒、蒸发器的固定螺钉，再松开固定蒸发器的卡扣，取下蒸发器。查看室内机下方设有一个用来洗碗等餐具的水池，把水池充满水，见图 2-40 右图，将蒸发器放入水池，利用自来水来检查蒸发器是否有漏点。

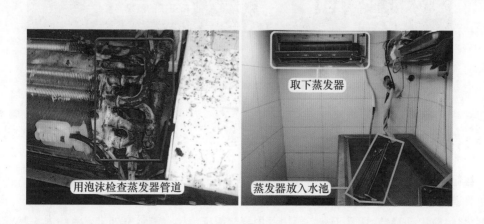

图 2-40　检查蒸发器管道和放入水池

6. 蒸发器内漏

将蒸发器放入水池后，见图 2-41 左图，立即发现右侧一直有气泡冒出，仔细查看在反面，说明漏点故障在蒸发器。

再仔细查看蒸发器左侧位置时，见图 2-41 右图，无气泡冒出，说明左侧正常。

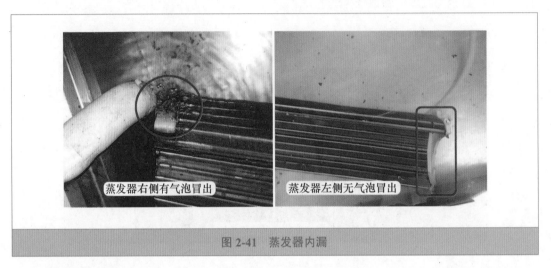

蒸发器右侧有气泡冒出　　　蒸发器左侧无气泡冒出

图 2-41　蒸发器内漏

7. 更换蒸发器

本机蒸发器查看漏点原因为铜管腐蚀，不是因锐器碰撞导致的泄漏，因此在维修时未使用焊炬补焊的方式，而是申请同型号的蒸发器，见图 2-42 左图，通过对比也可以发现原机损坏的蒸发器铜管腐蚀较为严重。

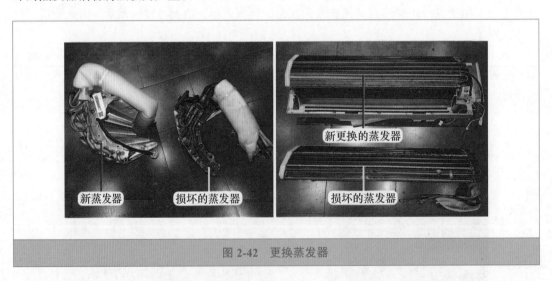

新蒸发器　　　损坏的蒸发器　　　新更换的蒸发器　　　损坏的蒸发器

图 2-42　更换蒸发器

维修措施：见图 2-42 右图，将新申请的同型号蒸发器安装到室内机底座上面，再恢复连接管道和电控系统，使用制冷剂对系统顶空（排除空气）后，再使用遥控器开机，补加制冷剂至 0.45MPa 时制冷恢复正常，使用万用表交流电流挡，测量室外机电流约为 5.2A，说明故障排除。

总结：

本例空调器刚使用一年左右便出现蒸发器腐蚀较为严重、出现漏点导致制冷剂泄漏的故障，在实际维修时不是很常见。分析原因为室内机安装在火锅店清洗餐具水池的上方，清洗餐具一般使用热水或温水，残余的火锅底料蒸发成雾状，经室内风扇旋转的作用吸收到蒸发器表面，时间长了以后导致蒸发器腐蚀，出现漏点的故障，也就是说，本例故障是由环境原因引起，而不是质量问题。

二、冷凝器铜管内漏

故障说明：海尔 KFR-35GW/02PAQ22 挂式变频空调器，用户刚装机时间不长，刚开始时制冷正常，但现在需要长时间开机房间内温度才能下降一点，说明制冷效果变差。

1. 检查室外机和室内机接口

上门检查，使用遥控器开机，室内机和室外机均开始运行，用手在室内机出风口感觉温度不是很凉，到室外机检查，发现二通阀结霜，说明系统缺少 R410A 制冷剂，在三通阀检修口接上压力表测量系统运行压力约为 0.1MPa，也说明系统缺少 R410A。

使用遥控器关闭空调器，压缩机停止运行，系统静态压力约为 1.5MPa 可用于检漏，见图 2-43，使用洗洁精泡沫涂在室外机二通阀和三通阀接口，查看无气泡冒出，说明无漏点；取下室内机下部卡扣，解开包扎带，将泡沫涂在室内机粗管和细管接口，查看无气泡冒出，说明室内机无漏点；由于新装机的漏氟故障通常为接口未紧固所致，于是使用活动扳手将室内机接口和室外机接口均紧固后，遥控器开机补加制冷剂 R410A 至 0.7MPa 时制冷恢复正常。由于此机加长有连接管道，且 1 个焊点位于墙壁内，告知用户如制冷效果变差将需要 2 个人上门维修。

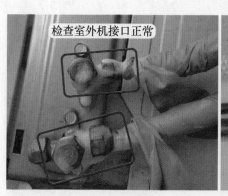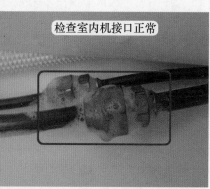

检查室外机接口正常　　　检查室内机接口正常

图 2-43　检查室外机和室内机接口

2. 检查加长连接管道接口和室内外机系统

约 15 天后，用户再次报修制冷效果差，再次上门检查，使用遥控器开机，室内风机和室外机运行，到室外机查看时，二通阀结霜，说明系统缺少 R410A 制冷剂，测量系统运行压力约为 0.2MPa，关机后系统静态压力约为 1.6MPa 可用于检查漏点。

取下室内机，将连接管道向里送，找到加长管道焊点，见图 2-44，使用洗洁精泡沫检查无气泡冒出，说明焊点正常，取下室外机顶盖和前盖，仔细查看系统和冷凝器管道无明显油迹，再用手摸常见故障部位的管道也感觉没有油迹，再将泡沫涂在相关部位也无气泡冒出，初步排除室外机系统故障。

图 2-44 检查加长连接管道接口和室外机系统

3. 检查室内机蒸发器和手摸冷凝器反面

取下室内机外壳，见图 2-45 左图，仔细查看蒸发器左侧和右侧管壁无明显油迹，使用泡沫涂在管壁和连接管道弯管处仔细查看，均无气泡冒出，也初步排除室内机故障，由于找不到漏点部位，需要拉修处理，但夏天天热用户着急使用空调器暂时不让拉修，维修时应急补加 R410A 制冷剂使运行压力至 0.8MPa 时制冷恢复正常。

待约 15 天后用户再次报修制冷效果差，与用户协商将空调器整机拆回维修，再次仔细检查蒸发器和室外机管道仍无漏点。

见图 2-45 右图，查看冷凝器背部，下方有少许不明显的油污，判断漏点在冷凝器翅片部位，但使用泡沫不能检查，需要拆下冷凝器单独检查。

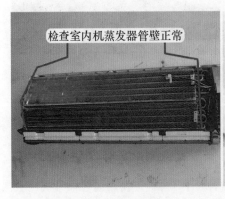

图 2-45 检查蒸发器和冷凝器

4. 检查冷凝器

取下室外风机和固定支架，再取下固定冷凝器的螺钉，见图 2-46 左图，在室外机使用焊枪焊下进口部位铜管，再找 1 段 10mm 和 6mm 铜管焊在进口部位，并连接压力表；在室外机取下二通阀的固定螺钉，使用内六方将阀芯完全关闭，并使用堵帽堵在二通阀处。

向冷凝器内充入 R410A 制冷剂，使压力升至约 1.2MPa 用于检漏，见图 2-46 右图，冷凝器放入水盆，将初步判断漏点部位的翅片淹没在清水中。

➡ 说明：空调器拉修后如果条件允许，可充入氮气检漏。

图 2-46　取下冷凝器后放入水盆

5. 检查漏点

见图 2-47，冷凝器放入水盆后，立即发现有气泡冒出，也确定漏点在冷凝器，根据冒泡部位，确定出大致铜管位置，使用螺钉旋具（俗称螺丝刀）将翅片撬向两边，以露出铜管，再将冷凝器放入水盆中，可看到铜管处快速向外冒泡。

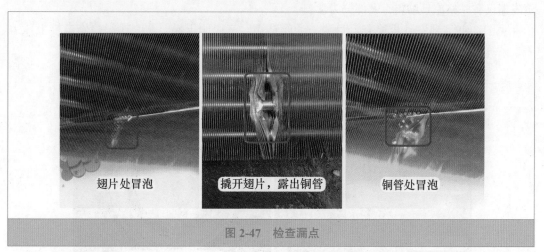

图 2-47　检查漏点

6. 补焊漏点

确定出冷凝器漏点部位后，拧开压力表旋钮，放空冷凝器的 R410A 制冷剂，见图 2-48，使用焊枪补焊铜管，补焊后再次向冷凝器充入 R410A 制冷剂至静态压力约 1.2MPa 用于检漏，并将焊接部位放入水盆，查看无气泡冒出，说明漏点故障已排除。

维修措施：补焊冷凝器翅片内铜管，检漏后正常安装冷凝器至室外机，并恢复室外机管道，再用管道连接室内机和室外机，使用真空泵抽真空，并定量加注 R410A 制冷剂，将空调器安装至用户家后制冷正常，长时间使用不再报修，说明空调器恢复正常。

图 2-48　补焊漏点

三、　室外机机内管道漏氟

故障说明：格力 KFR-23GW 挂式空调器，用户反映不制冷。

1. 测量系统运行压力

遥控器制冷模式开机，室外风机和压缩机均开始运行，但室内机吹风接近自然风，手摸蒸发器仅有一格凉且结霜，大部分为常温。

见图 2-49，到室外机检查，目测二通阀结霜、三通阀干燥，在三通阀检修口接上压力表，系统运行压力仅为 0.15MPa（本机使用 R22 制冷剂），说明系统缺少制冷剂。

图 2-49　二通阀结霜和测量运行压力

2. 检查漏点

使用遥控器关机并断开空调器电源，查看系统静态压力约 0.8MPa，可用于检漏。见图 2-50，首先使用泡沫检查室外机二通阀和三通阀处接口，长时间观察均无气泡冒出；再到室内机，剥开包扎带，检查粗管和细管接口，长时间观察也无气泡冒出，说明室内机和室外机接口均正常，使用扳手紧固室内机和室外机接口，再次开机补加制冷剂至正常压力 0.45MPa 时制冷恢复正常。

3. 检查室外机机内管道

用户使用约 5 天后再次报修不制冷，上门检查，系统运行压力又降至约 0.1MPa，说明制冷系统有漏氟故障。由于室外机振动较大，故障率也较高，取下室外机顶盖和前盖，见图 2-51，观察系统管道有明显的油迹，说明漏点在室外机管道，使用泡沫检查时，发现漏点为压缩机吸气管裂纹，原因是压缩机吸气管与四通阀连接管距离过近，压缩机运行时由于振动相互摩擦，导致管壁变薄最终产生裂纹引起漏氟故障。

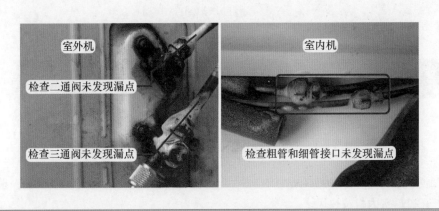

图 2-50 检查漏点

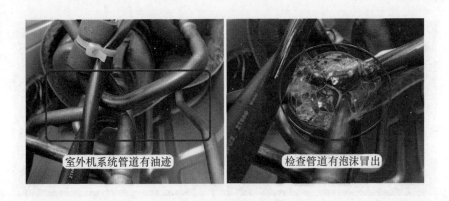

图 2-51 检查室外机机内管道

维修措施：见图 2-52，放空制冷系统的制冷剂，使用焊枪补焊压缩机吸气管和四通阀连接管，再使用顶空法排除系统内空气，检查焊接部位无漏点，再次开机补加制冷剂至0.45MPa 时制冷恢复正常，室外机二通阀和三通阀均结露。

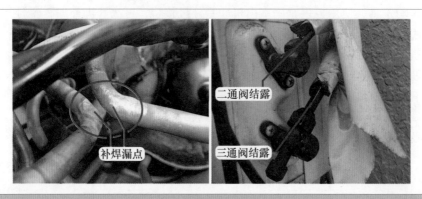

图 2-52　补焊加制冷剂

第四节　四通阀和压缩机窜气故障

一、　四通阀卡死

故障说明：海尔 KFR-33GW/02-S2 挂式空调器，用户反映前两天制冷正常，现忽然不再制冷，开机后室内机吹热风。

1. 测量系统压力

上门检查，首先到室外机三通阀检修口接上压力表，见图 2-53，查看系统静态的平衡压力约 0.9MPa，使用遥控器制冷模式开机，室内风机运行后室外风机和压缩机运行，并未听到四通阀线圈通电的声音，但系统压力逐渐上升，说明系统处于制热模式。

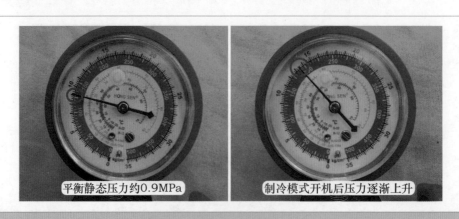

图 2-53　制冷开机系统压力上升

2. 手摸二、三通阀温度和断开四通阀线圈连接线

见图 2-54 左图，用手摸室外机二通阀和三通阀，感觉三通阀温度较高，也说明系统工作在制热模式。

因夏天系统工作在制热模式时压力较高，容易崩开加氟管，因此停机并断开空调器电源，待约 1min 系统压力平衡后取下连接三通阀检修口的加氟管，见图 2-54 右图，并取下室外机 3 号接线端子上方的四通阀线圈连接线，强制断开四通阀线圈供电，再次上电开机，系统仍工作在制热模式，说明制冷和制热模式转换的四通阀内部阀块卡在制热位置。

3. 连续为四通阀线圈供电和断电

室外机 4 号接线端子为室外风机供电，制冷模式开机时一直供电，见图 2-55，用手拿住取下的四通阀线圈连接线，并在 4 号端子约 5s，再取下 5s，再并在 4 号端子 5s，即连续多次为四通阀线圈供电和断电，看是否能使卡住的阀块在压力的转换下移动，即转回到制冷模式位置，实际检修时只能听到电磁换向阀移动的"嗒嗒"声，听不到阀块在制冷和制热模式转换的气流声，说明阀块卡住的情况比较严重。如果阀块轻微卡住，在四通阀线圈连续供电和断电后即可转换至正常的状态。

➡ 说明：在操作时一定要注意安全，必须将线圈连接线的塑料护套罩住端子，以防触电。

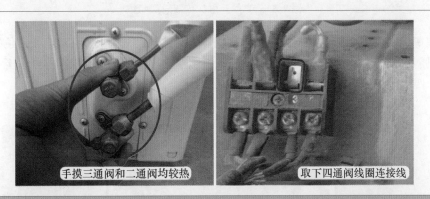

手摸三通阀和二通阀均较热　　取下四通阀线圈连接线

图 2-54　手摸二、三通阀温度和断开四通阀线圈连接线

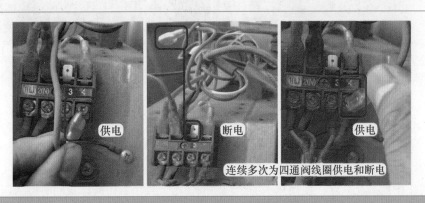

供电　　　断电　　　供电

连续多次为四通阀线圈供电和断电

图 2-55　连续为四通阀线圈供电和断电

4. 使用开水加热四通阀阀体

先使用毛巾包裹四通阀阀体，见图 2-56，再使用水壶烧开一瓶开水，并将开水浇在毛巾上面，强制加热四通阀阀体，使内部活塞和阀块轻微变形，再将空调器上电开机，并连续为四通阀线圈供电和断电，阀块仍旧卡在原位置不能移动。

取下毛巾，使得大扳手敲击四通阀阀体，并同时连续为四通阀线圈供电和断电，也不能使内部阀块移动，系统仍工作在制热模式，说明本机四通阀内部阀块已卡死。

图 2-56　使用开水加热四通阀阀体

维修措施：见图 2-57，本机四通阀内部阀块卡死，经尝试后不能移动至正常位置，说明已损坏只能更换，本例室外机安装在窗户的侧面墙壁，不容易更换，取下室外机至平台位置后更换新四通阀，再重新安装后排空、加氟制冷恢复正常。

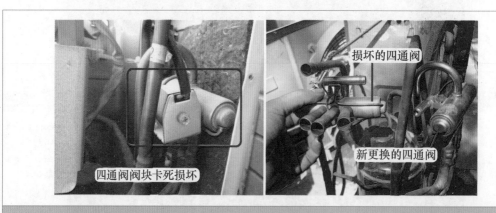

图 2-57　更换四通阀

总结：

因四通阀更换难度比较大且有再次焊坏的风险，因此遇到内部阀块卡死故障时，应尝试将其复位至正常模式。

① 阀块轻微卡死故障：经连续为四通阀线圈供电和断电均能恢复至正常位置。

② 阀块中度卡死故障：使用热水加热阀体或使用大扳手敲击阀体，同时再为四通阀线圈供电和断电，通常可恢复至正常位置。如不能恢复，则只能更换四通阀。

二、 四通阀窜气

故障说明： 三菱重工 SRC388HENF 挂式空调器，用户反映不制冷，室外机噪音大。

1. 测量系统压力

上门检查，用户已使用空调器一段时间，用手在室内机出风口感觉为自然风，无凉风吹出。使用遥控器关机，在室外机三通阀检修口接上压力表，见图 2-58，测量系统静态的平衡压力约 1.1MPa（本机使用 R22 制冷剂），再次使用遥控器开机，室外风机和压缩机均开始运行，系统压力下降至约 0.9MPa 时不再下降，同时室外机噪声很大，细听为压缩机储液瓶发出的气流声。

平衡静态压力约1.1MPa　　运行压力约0.9MPa　　储液瓶气流声很大

图 2-58　测量系统压力和储液瓶气流声很大

2. 断开线圈连接线和手摸四通阀连接管道

根据运行压力下降至 0.9MPa 和压缩机储液瓶气流声很大，初步判断为四通阀窜气或压缩机窜气，见图 2-59 左图和中图，在室外机接线端子处拔下四通阀线圈的 1 根连接线，系统运行压力无任何变化，用手摸压缩机外壳烫手，说明压缩机正在做功，可初步排除压缩机窜气故障。

见图 2-59 右图，用手摸四通阀的 4 根铜管，结果为连接压缩机排气管的管道烫手、连接冷凝器的管道较热、连接压缩机吸气管和三通阀的管道温热，初步判断为四通阀窜气。

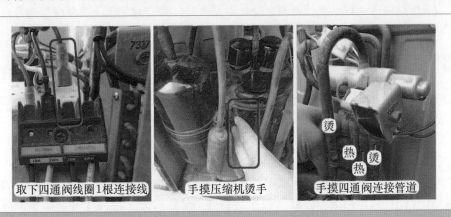

取下四通阀线圈1根连接线　　手摸压缩机烫手　　手摸四通阀连接管道

图 2-59　取下线圈连接线和手摸四通阀连接管道

3. 手摸四通阀中间管道和储液瓶感觉温度

见图 2-60 左图和中图，再次用手单独摸四通阀连接压缩机吸气管的管道，依旧为温热；用手摸压缩机储液瓶上部和下部，感觉上部温度高、下部温度低，说明热量从上方流入下方，也就是从四通阀流入压缩机，从而确定窜气部位在四通阀。

维修措施：更换四通阀。更换后检漏、排空、加氟试机，制冷恢复正常。正常运行的空调器制冷模式下，四通阀管道温度见图 2-60 右图。

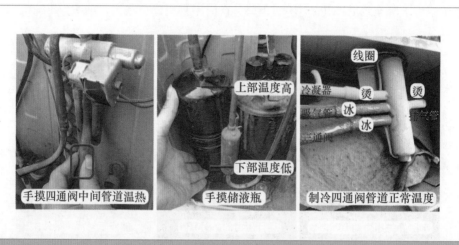

左图标注：手摸四通阀中间管道温热
中图标注：上部温度高　下部温度低　手摸储液瓶
右图标注：线圈　冷凝器　吸气管　烫　烫　冰　冰　排气管　三通阀　制冷四通阀管道正常温度

图 2-60　手摸储液瓶感觉温度

总结：

本例故障判断四通阀窜气而非压缩机窜气的故障原因如下：

① 压缩机运行后系统压力只是稍许下降，而压缩机窜气后通常保持静态压力不变。

② 压缩机储液瓶气流声较大，而压缩机窜气后储液瓶几乎无声音。

③ 连接压缩机吸气管的四通阀中间管道温热，而压缩机窜气后由于不做功，四通阀的 4 根管道均接近于常温。

④ 压缩机储液瓶上部温度高于下部温度，而压缩机窜气后储液瓶上部和下部温度均接近常温，如果压缩机已运行了很长时间，壳体温度上升，相应储液瓶下部温度也会升高，储液瓶将会出现下部温度高于上部温度的现象。

三、　压缩机窜气

故障说明：格力 KFR-23GW 挂式空调器，用户反映开机后室外机运行，但不制冷。

1. 测量系统压力

上门检查，待机状态即室外机未运行时，在三通阀检修口接上压力表，见图 2-61 左图，查看系统静态压力约 1MPa，说明系统内有 R22 制冷剂且比较充足。

用遥控器开机，室外风机和压缩机开始运行，见图 2-61 右图，查看系统压力保持不变，仍约为 1MPa 并且无抖动迹象，此时使用活动扳手轻轻松开二通阀螺母，立即冒出大量的 R22 制冷剂，查看二通阀和三通阀阀芯均处于打开状态，说明制冷系统存在故障。

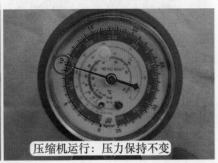

系统静态压力：约1MPa　　　压缩机运行：压力保持不变

图 2-61　测量系统压力

2. 测量压缩机电流

使用万用表交流电流挡，见图 2-62，钳头夹住室外机接线端子上 2 号压缩机黑线测量电流，实测约 1.8A，低于额定值 4.2A 较多，可大致说明压缩机未做功。手摸压缩机在振动，但运行声音很小。

3. 手摸压缩机吸气管和排气管感觉温度

见图 2-63，用手摸压缩机吸气管感觉不凉，接近常温；手摸压缩机排气管不热，也接近常温。

4. 分析故障

综合检查内容：系统压力在待机状态和开机状态相同、运行电流低于额定值较多、压缩机运行声音很小、手摸吸气管不凉且排气管不热，判断为压缩机窜气。

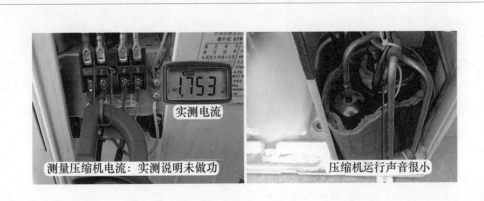

实测电流

测量压缩机电流：实测说明未做功　　　压缩机运行声音很小

图 2-62　测量压缩机电流和细听压缩机声音

手摸吸气管不凉

手摸排气管不热

图 2-63　手摸压缩机吸气管和排气管感觉温度

　　为确定故障，在二通阀和三通阀处放空制冷系统的 R22 制冷剂，使用焊枪取下压缩机吸气管和排气管铜管，再次上电开机，压缩机运行，手摸排气管无压力即没有气体排出、吸气管无吸力即没有气体吸入，从而确定压缩机窜气损坏。

　　维修措施：更换压缩机。

第三章

Chapter 3

空调器室内机故障

第一节　常见故障

一、旋转插头未安装到位

故障说明：格力 KFR-50GW/（50582）FNCa-A2 挂式直流变频空调器（U 雅 - II），用户反映新装机，插头插入插座后，使用遥控器开机，室内机没有反应。

1. 查看指示灯和遥控器开机

此机显示屏位于室内机右侧，待机状态电源指示灯应当点亮，上门检查，见图 3-1 左图，查看显示屏整体不亮，处于熄灭状态。

将遥控器模式设定为制冷、温度为 24℃，发射头对准显示屏位置，见图 3-1 右图，按压开关按键，室内机没有反应。正常时蜂鸣器响一声后导风板打开，室内风机运行。由于为新装机，室内机出现故障的概率较小，常见为插头没有旋转到位或者主板插头接触不良。

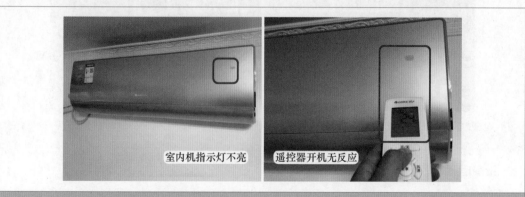

室内机指示灯不亮　遥控器开机无反应

图 3-1　指示灯不亮和遥控器无反应

2. 查看插座和旋转插头

本机为 2P 挂式变频空调器，未使用常见的直插式插座，而是使用旋转式插座，见图 3-2 左图，查看插头已安装至插座，但插头上解锁钮对应为红色虚心圆圈，相当于插头只是安装到插座里面，但电源未接通，因而空调器没有供电。

按住插头上解锁钮，见图 3-2 右图，按插座上标识顺时针旋转，使解锁钮对应红色实心圆圈，这时触点才接通，插座的交流 220V 电源经插头和引线送至室内机主板和接线端子，为空调器供电。

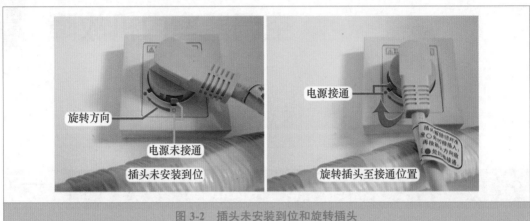

图 3-2　插头未安装到位和旋转插头

3. 指示灯点亮和遥控器开机

当插头解锁钮对准插座上红色实心圆圈时，插头和插座电源接通，见图 3-3 左图，室内机蜂鸣器"嘀"响一声，显示屏上电源指示灯持续点亮，导风板复位过后处于待机状态。

见图 3-3 右图，再次将遥控器发射头对准室内机显示屏，并按压开关按键开机，蜂鸣器响一声后，导风板向外伸出打开，室内风机开始运行，出风口有风吹出，待室外风机和压缩机运行后，出风口吹出较凉的风为房间内降温，说明制冷正常。

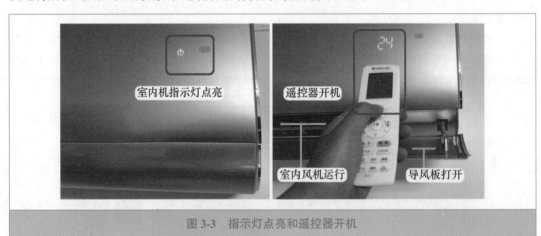

图 3-3　指示灯点亮和遥控器开机

维修措施：旋转插头，使解锁钮对准红色实心圆圈，空调器才能得到供电。

总结：

① 目前新出厂的格力 1P 或 1.5P 挂式变频空调器，室内机设置有功率较大的辅助电加热，通常使用 16A 的直插式插座，即插头插入插座后电源接通，插头拔出后电源断开。

② 目前新出厂的 2P 挂式或柜式空调器，压缩机和辅助电加热功率增加，未使用直插式插头或出厂时只有连接线，到用户家再安装断路器（俗称空气开关），而是使用旋转式插座，见图 3-4 左图，其触点可以通过较大的电流，以保证空调器正常使用。与直插式插头相比，

旋转式插座可以旋转以接通和断开供电，插头上设有解锁钮，安装插头需要接通电源时见图 3-2 右图所示。

③ 旋转式插座需要断开电源、拔出插头时，直接向外或者用力向外拔插头时，不但不能取出，还可能会损坏插座，正确的做法见图 3-4 右图，向里按压插头上解锁钮，逆时针旋转插头，使解锁钮对准红色虚心圆圈，断开电源后，再向外拔插头即可取出。

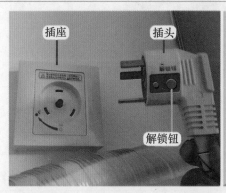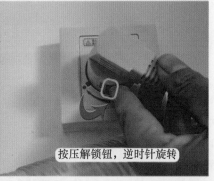

图 3-4　旋转插头插座和取出插头方法

二、 变压器一次绕组开路

故障说明：格力 KFR-23GW/（23570）Aa-3 挂式空调器，用户反映上电后室内机无反应。

1. 扳动导风板至中间位置后上电试机

用手将风门叶片（导风板）扳到中间位置，见图 3-5，再将空调器接通电源，上电后导风板不能自动复位，判断空调器或电源插座有故障。

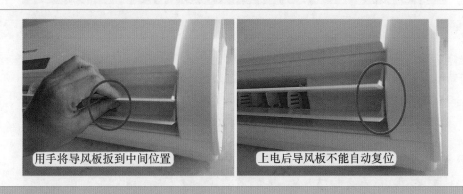

图 3-5　将导风板扳到中间位置后上电试机

2. 测量插座电压和电源插头阻值

使用万用表交流电压挡，见图 3-6 左图，测量电源插座电压为交流 220V，说明电源供电正常，故障在空调器。

使用万用表电阻挡，见图 3-6 右图，测量电源插头 L-N 阻值，实测为无穷大，而正常约 500Ω，确定故障在室内机。

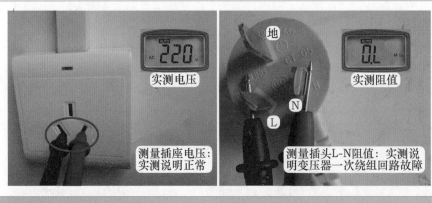

图 3-6　测量插座电压和电源插头阻值

3. 测量熔丝管和一次绕组阻值

使用万用表电阻挡，见图 3-7，测量 3.15A 熔丝管（俗称保险管）FU101 阻值为 0Ω，说明熔丝管正常；测量变压器一次绕组阻值，实测为无穷大，说明变压器一次绕组开路损坏。

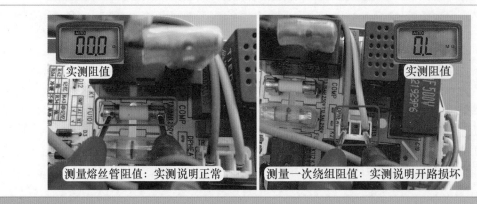

图 3-7　测量熔丝管和一次绕组阻值

维修措施：见图 3-8，更换变压器。更换后上电试机，将电源插头插入插座，蜂鸣器响一声后导风板自动关闭，使用遥控器开机，空调器制冷恢复正常。

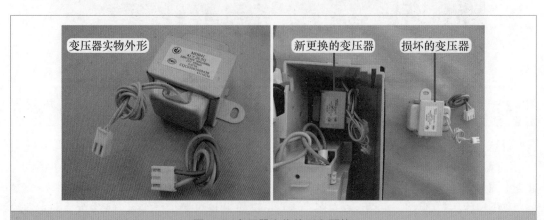

图 3-8　变压器实物外形和更换

三、 管温传感器阻值变小

故障说明：海信 KFR-25GW 挂式空调器，遥控器开机后室内风机运行，但压缩机和室外风机均不运行，显示板组件上的"运行"指示灯也不亮。在室内机接线端子上测量压缩机与室外风机电压为交流 0V，说明室内机主板未输出供电。根据开机后"运行"指示灯不亮，说明输入部分电路出现故障，CPU 检测后未向继电器电路输出控制电压，因此应首先检查传感器电路。

1. 测量环温和管温传感器插座分压点电压

使用万用表直流电压挡，见图 3-9，将黑表笔接地（本例实接 34064 复位集成块地脚）、红表笔接插座分压点，测量电压（此时房间温度约 25℃），实测环温分压点电压为 2.4V、管温分压点电压为 4.1V，正常时 2 个插座的电压值均应在 2.5V 左右，实测结果说明环温传感器电路正常，应重点检查管温传感器电路。

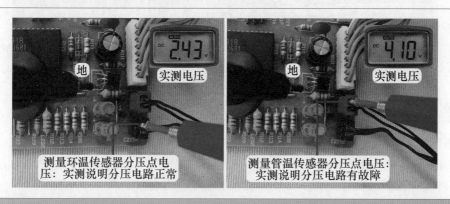

图 3-9 测量环温和管温传感器插座分压点电压

2. 测量管温传感器阻值

断电并将管温传感器从蒸发器检测孔抽出（防止蒸发器温度影响测量结果），等待一定的时间，见图 3-10，使传感器表面温度接近房间温度，再使用万用表电阻挡测量插头两端阻值约为 1kΩ，而正常阻值应接近 5kΩ，实测结果说明管温传感器阻值变小损坏。

➡ 说明：本例传感器使用型号为 25℃/5kΩ。

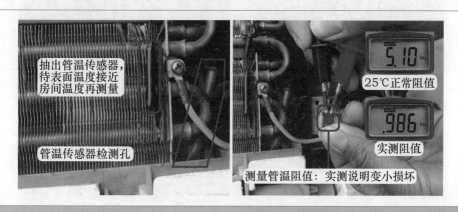

图 3-10 测量管温传感器阻值

维修措施：更换管温传感器，见图 3-11，更换后上电测量管温传感器分压点电压为直流 2.5V，和环温传感器相同，遥控器开机后，显示板组件上的"电源、运行"指示灯点亮，室外风机和压缩机运行，空调器制冷恢复正常。

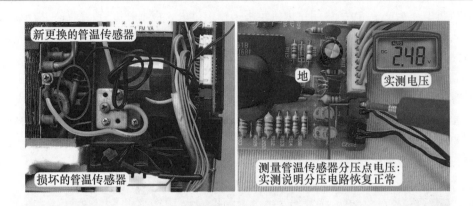

新更换的管温传感器

损坏的管温传感器

地

实测电压

测量管温传感器分压点电压：实测说明分压电路恢复正常

图 3-11　更换管温传感器后测量分压点电压

四、　管温传感器开路

故障说明：美的 KFR-26GW/I1Y 挂式空调器，接通电源后"化霜"指示灯一直闪，按压遥控器开关键，主板蜂鸣器响一声，但室内风机和室外机均不运行。由于主板能接收遥控器信号但整机不能工作，应测量输入部分电路的传感器分压点电压。

1. 测量环温和管温传感器插座分压点电压

使用万用表直流电压挡，见图 3-12，黑表笔接地（实接 7805 铁壳），红表笔接环温（ROOM）和管温（PIPE）传感器插座的分压点，测量电压，正常结果均应接近 2.5V，实测环温传感器分压点电压为 2.3V，管温传感器分压点电压为 0V，说明管温传感器分压电路有故障，应重点检查传感器和分压电阻。

实测电压

实测电压

测量环温(ROOM)分压点电压：实测说明分压电路正常

测量管温(PIPE)分压点电压：实测说明分压电路有故障

图 3-12　测量传感器电路插座分压点电压

2. 测量环温和管温传感器阻值

断开空调器电源，使用万用表电阻挡，见图 3-13，测量 2 个传感器的阻值，在房间温度约 25℃时阻值均应接近 10kΩ，且 2 个传感器阻值应基本相同，实测环温传感器阻值 9.8kΩ 为正常，管温传感器阻值为无穷大，说明其开路损坏。

➡ 说明：本例传感器使用型号为 25℃ /10kΩ。

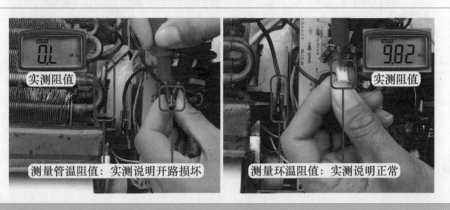

图 3-13　测量传感器阻值

维修措施：更换管温传感器，见图 3-14，更换后测量管温传感器插座分压点电压为直流 2.1V，遥控器开机后空调器制冷恢复正常，故障排除。

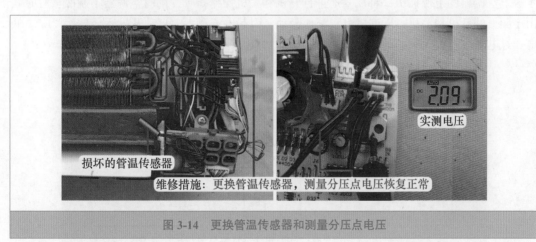

图 3-14　更换管温传感器和测量分压点电压

应急措施：如果暂时没有相同型号（本例为 25℃ /10kΩ）的传感器更换，而用户又着急使用空调器，可以使用以下方法。

如果有 2 个 25℃ /5kΩ 的备用传感器，可以将 2 个传感器串联使用。见图 3-15，2 个传感器其中的 1 根引线连在一起，并用胶布包好防止漏电，另外 2 个引线连接插头插在主板管温传感器的插座上，将其中的 1 个探头插在蒸发器管温传感器的检测孔内，另外 1 个探头直接插在检测孔附近的蒸发器内，开机后空调器能正常工作在制冷或制热模式。

总结：

上电不开机时显示板组件即报故障代码，应重点检查环温和管温传感器。如果不清楚故障代码的含义，也应重点检查环温和管温传感器。

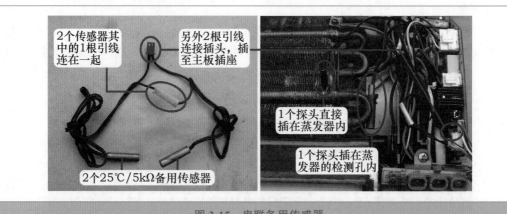

图 3-15　串联备用传感器

五、　按键开关漏电

故障说明：格力 KFR-50GW/K（50513）B-N4 挂式空调器，接通电源一段时间以后，见图 3-16，在不使用遥控器的情况下，蜂鸣器响一声，空调器自动起动，显示板组件上显示设定温度为 25℃，室内风机运行；约 30s 后蜂鸣器响一声，显示板组件显示窗熄灭，空调器自动关机，但 20s 后，蜂鸣器再次响一声，显示窗显示为 25℃，空调器又处于开机状态。如果不拔下空调器的电源插头，将反复地进行开机和关机操作指令，同时空调器不制冷。有时候由于频繁的开机和关机，压缩机也频繁地起动，引起电流过大，自动开机后会显示"E5（低电压过电流故障）"的故障代码。

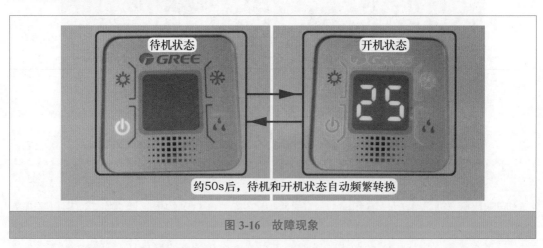

图 3-16　故障现象

1. 测量应急开关按键引线电压

空调器开关机有 2 种控制程序：一是使用遥控器控制；二是主板应急开关电路。本例维修时取下遥控器的电池，遥控器不再发送信号，空调器仍然自动开关机，排除遥控器引起的故障，应检查应急开关电路。见图 3-17 左图，本机应急开关按键安装在显示板组件，通过引线（代号 key）连接至室内机主板。

使用万用表直流电压挡，见图 3-17 右图，黑表笔接显示板组件 DISP1 插座上 GND（地）

引针、红表笔接 DISP2 插座上 key（连接应急开关按键）引针，正常电压在未按压应急开关按键时应为稳定的直流 5V，而实测电压为 1.3 ~ 2.5V 跳动变化，说明应急开关电路有漏电故障。

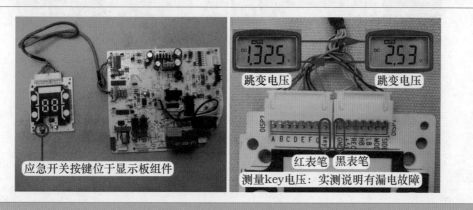

图 3-17　测量按键引线电压

2. 测量应急开关按键引脚阻值

为判断故障是显示板组件上的按键损坏，还是室内机主板上的瓷片电容损坏引起，拔下室内机主板和显示板组件的 2 束连接插头，见图 3-18 左图，使用万用表电阻挡测量显示板组件 GND 与 key 引针阻值，正常时未按下按键时阻值应为无穷大，而实测约为 4kΩ，初步判断应急开关按键损坏。

为准确判断，使用烙铁焊下按键，见图 3-18 右图，使用万用表电阻挡单独测量按键开关引脚，正常阻值应为无穷大，而实测约为 5kΩ，确定按键开关漏电损坏。

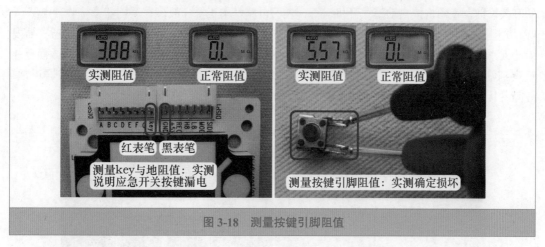

图 3-18　测量按键引脚阻值

维修措施：更换应急开关按键或更换显示板组件。

应急措施：如果暂时没有应急开关按键更换，而用户又着急使用空调器，有 2 种方法：

① 见图 3-19 左图，取下应急开关按键不用安装，这样对空调器没有影响，只是少了应急开机和关机的功能，但使用遥控器可正常控制。

② 见图 3-19 右图，取下室内机主板与显示板组件连接线中 key 引线，并使用胶布包扎做好绝缘，也相当于取下了应急开关按键。

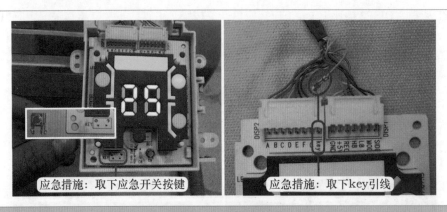

应急措施：取下应急开关按键

应急措施：取下key引线

图 3-19 应急维修措施

总结：

应急开关按键漏电损坏，引起自动开关机故障，在维修中所占比例很大，此故障通常由应急开关按键漏电引起，维修时可直接更换该开关后试机。

六、 接收器损坏

故障说明：格力 KFR-72LW/NhBa-3 柜式空调器，用户反映遥控器不起作用，使用按键控制正常。

1. 按压按键和检查遥控器

上门检查，按压遥控器上的开关按键，室内机没有反应；见图 3-20 左图，按压前面板上的开关按键，室内机按自动模式开机运行，说明电路基本正常，故障在遥控器或接收器电路。

使用手机摄像头检查遥控器，见图 3-20 右图，方法是打开手机的相机功能，将遥控器发射头对准手机摄像头，按压遥控器按键的同时观察手机屏幕，遥控器正常时在手机屏幕上能观察到发射头发出的白光，损坏时不会发出白光，本例检查能看到白光，说明遥控器正常，故障在接收器电路。

按键开机运行正常

发射二极管发光

使用手机摄像头检查遥控器：实测正常

图 3-20 按键开机和检查遥控器

2. 测量电源和信号电压

本机接收器电路位于显示板，使用万用表直流电压挡，见图 3-21 左图，黑表笔接接收器地引脚（或表面铁壳），红表笔接②脚电源引脚测量电压，实测约 4.8V，说明电源供电正常。

见图 3-21 右图，黑表笔不动依旧接地、红表笔改接①脚信号引脚测量电压，在静态即不接收遥控器信号时实测约 4.4V；按压开关按键，遥控器发射信号，同时测量接收器信号引脚即动态测量电压，实测仍约 4.4V，没有电压下降过程，说明接收器损坏。

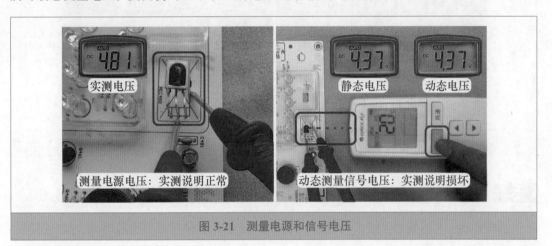

图 3-21　测量电源和信号电压

3. 代换接收器

本机接收器型号为 19GP，暂时没有相同型号接收器，使用常见的 0038 接收器代换，见图 3-22，方法是取下 19GP 接收器，查看焊孔功能：①脚为信号、②脚为电源、③脚为地，而 0038 接收器引脚功能：①脚为地、②脚为电源、③脚为信号，由此可见两者①脚和③脚功能相反，代换时应将引脚掰弯，按功能插入显示板焊孔，使之与焊孔功能相对应，安装后应注意引脚之间不要短路。

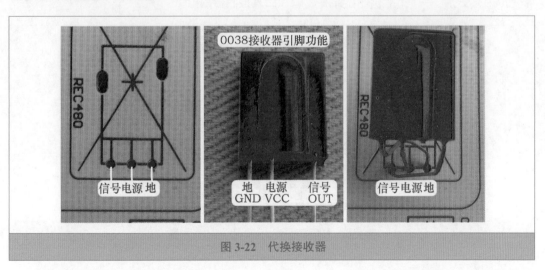

图 3-22　代换接收器

维修措施：使用 0038 接收器代换 19GP 接收器。代换后使用万用表直流电压挡，见

图 3-23，测量 0038 接收器电源引脚电压为 4.8V，信号引脚静态电压为 4.9V，按压按键遥控器发射信号，接收器接收信号即动态时信号引脚电压下降至约 3V（约 1s），然后再上升至 4.9V，同时蜂鸣器响一声，空调器开始运行，故障排除。

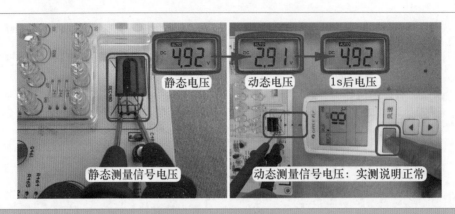

图 3-23 测量接收器信号电压

七、 接收器受潮

故障说明：格力某型号挂式空调器，遥控器不起作用，使用手机摄像功能检查遥控器正常，按压应急开关按键，按"自动模式"运行，说明室内机主板电路基本工作正常，判断故障在接收器电路。

1. 测量接收器信号和电源引脚电压

使用万用表直流电压挡，见图 3-24 左图，黑表笔接接收器地引脚（或表面铁壳）、红表笔接信号引脚测量电压，实测约 3.5V，而正常约 5V，确定接收器电路有故障。

红表笔接电源引脚测量电压，见图 3-24 右图，实测约 3.5V，和信号引脚电压基本相等，常见原因有 2 个：一是 5V 供电电路有故障；二是接收器漏电。

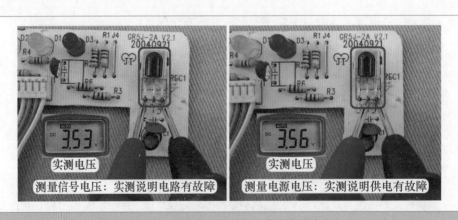

图 3-24 测量接收器信号和电源引脚电压

2. 测量 5V 供电电路

接收器电源引脚通过限流电阻 R3 接直流 5V，见图 3-25 左图，黑表笔接地（接收器铁壳）、红表笔接电阻 R3 上端，实测电压为直流 5V，说明 5V 电压正常。

断开空调器电源，见图 3-25 右图，使用万用表电阻挡测量 R3 阻值，实测为 100Ω，和标注阻值基本相同，说明电阻 R3 阻值正常，为接收器受潮漏电故障。

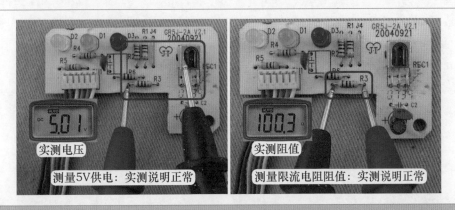

图 3-25　测量 5V 电压和限流电阻阻值

3. 加热接收器

使用电吹风热风挡，风口直吹接收器约 1min，见图 3-26，当手摸接收器表面烫手时不再加热，待约 2min 后接收器表面温度下降，再将空调器接通电源，使用万用表直流电压挡，再次测量电源引脚电压为 4.8V，信号引脚电压为 5V，说明接收器恢复正常，按压遥控器上的开关按键，蜂鸣器响一声后，空调器按遥控器命令开始工作，不接收遥控器信号故障排除。

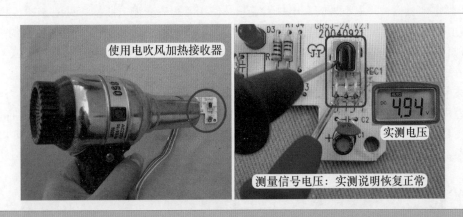

图 3-26　加热接收器和测量信号电压

维修措施：使用电吹风加热接收器。如果加热后依旧不能接收遥控器信号，需更换接收器或显示板组件。更换接收器后最好使用绝缘胶涂抹引脚，使之与空气绝缘，可降低此类故障的比例。

八、　压缩机继电器触点损坏

故障说明：美的 KFR-23GW/DY-PA402(R3) 挂式空调器，用户反映不制冷，长时间开机房间温度不下降。

1. 压缩机不运行和测量电压

上门检查，使用遥控器开机，室内风机运行，将手放在出风口，感觉为自然风，到室外机检查，手摸二通阀和三通阀均为常温，说明不制冷，见图 3-27 左图，查看室外风扇运行，但压缩机不运行。

使用万用表交流电压挡，见图 3-27 右图，黑表笔接 2 号 N 端零线、红表笔接 1 号压缩机黑线测量电压，实测约为 0V，查看接线端子下方为原装连接线，中间没有接头，初步判断室内机主板未输出供电。

图 3-27　压缩机不运行和测量电压

2. 测量压缩机和室外风机电压

再到室内机检查，取下外壳和电控盒盖板，使用万用表交流电压挡，见图 3-28 左图，红表笔接电源零线蓝线 N 端、黑表笔接压缩机继电器下方输出端子黑线测量电压，实测约为 0V，和室外机接线端子的 N-1 号端子电压相等，说明主板未输出供电，也可排除连接线故障。

红表笔不动依旧接零线蓝线 N 端、黑表笔改接压缩机继电器上方端子棕线测量电压，见图 3-28 中图，实测为 219V，说明输入端电压正常。

见图 3-28 右图，红表笔不动依旧接零线蓝线 N 端、黑表笔改接主板连接室外机的插头 CN10、标注为外风机对应的紫线测量电压，实测为 219V，说明主板已输出室外风机供电（同时室外风机也在运行）。

图 3-28　测量压缩机和室外风机电压

3. 测量压缩机端子电压和阻值

依旧使用万用表交流电压挡，见图 3-29 左图，2 个表笔接压缩机继电器的 2 个端子黑线和棕线测量电压，正常触点导通时应约为 0V，实测约为 219V，说明触点未导通。

断开空调器电源，使用万用表电阻挡，见图 3-29 右图，黑表笔接电源零线蓝线 N 端、红表笔接压缩机继电器下方端子黑线，测量压缩机运行绕组阻值，实测为 1.5Ω，再次说明室内外机连接线正常。

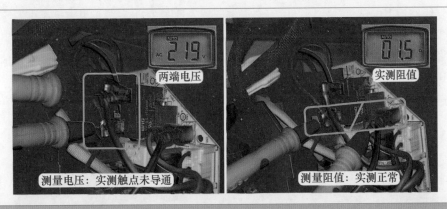

图 3-29　测量压缩机端子电压和阻值

4. 测量继电器线圈电压

由于主板已输出室外风机供电，按程序也应输出压缩机供电，为缩小故障范围，应测量继电器线圈电压。见图 3-30 左图，压缩机继电器在主板反面共有 4 个端子，其中 2 个触点端子、2 个线圈端子。2 个触点端子为输入和输出，2 个线圈端子接直流 12V 正极和反相驱动器的输出端。

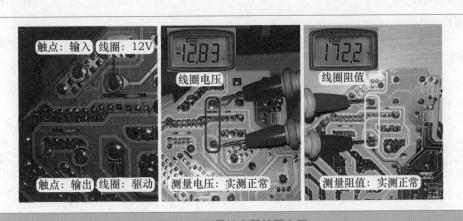

图 3-30　测量继电器线圈电压

再次将空调器上电开机，见图 3-30 中图，使用万用表直流电压挡，黑表笔接继电器线圈侧的 12V 端子、红表笔接连接反相驱动器的端子测量电压，实测约为 -12.8V，主板已输出压缩机的驱动电压，说明电路正常，故障在继电器。说明：本例测量线圈电压时红表笔接驱动、黑表笔接 12V 正极，实测为负值（-12.8V），如果表笔反接即黑表笔接驱动、红表笔接

12V 正极，实测为正 12.8V。

断开空调器电源，见图 3-30 右图，使用万用表电阻挡，表笔接压缩机继电器的线圈 2 个端子测量阻值，实测约为 172Ω，说明线圈正常，故障为继电器的触点损坏。

5. 更换继电器和测量电压

使用电烙铁从主板上取下继电器，实物外形见图 3-31 左图，查看型号为 RF-SS-112DMF，主要参数是线圈工作电压为直流 12V，触点电流为 20A。

使用型号相同的继电器配件进行更换，见图 3-31 中图，安装至原主板位置。

恢复线路后上电试机，使用万用表交流电压挡，见图 3-31 右图，黑表笔接电源零线蓝线 N 端、红表笔接压缩机继电器下方端子黑线测量电压，实测为 220V，说明主板已输出压缩机供电。将手放在出风口位置，感觉吹出的风较凉，说明压缩机已经运行，到室外机检查，室外风机和压缩机均在运行，说明故障排除。

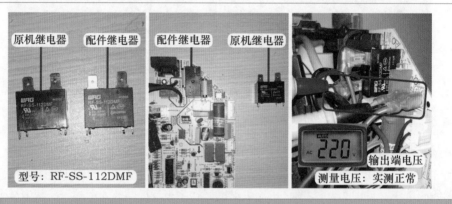

图 3-31　更换继电器和测量电压

维修措施：更换压缩机继电器。

总结：

① 压缩机由于运行时工作电流较大，因而继电器触点通过的电流较大，容易发热使得触点产生积炭，造成线圈供电时产生的吸力使触点接触，但不能导通的故障。

② 压缩机继电器触点闭合时，使用万用表交流电压挡测量 2 个端子，电压应为 0V；如果测量时电压为 220V，说明继电器触点未导通，处于断开状态。

第二节　室内风机电路故障

一、　室内风机电容引脚虚焊

故障说明：格力 KFR-50GW/K（50556）B1-N1 挂式空调器，用户反映新装机，试机时室内风机不运行，显示 H6 代码，查看代码含义为无室内机电机反馈。

1. 拨动贯流风扇

上门检查，重新上电，使用遥控器开机，导风板打开，室外风机和压缩机均开始运行，但室内风机不运行，见图 3-32 左图，将手从出风口伸入，手摸室内风扇（贯流风扇）有轻微的振动感，说明 CPU 已输出供电驱动光耦晶闸管，其次级已导通，且交流电源已送至室内风机线圈供电插座，但由于某种原因室内风机起动不起来，约 1min 后室外风机和压缩机停止运行，显示 H6 代码。

断开空调器电源，用手拨动贯流风扇，感觉无阻力，排除贯流风扇卡死故障；再次上电开机，待室外机运行之后，见图 3-32 右图，手摸贯流风扇有振动感时并轻轻拨动，增加起动力矩，室内风机起动运行，但转速很慢，就像设定风速的低风（遥控器实际设定为高风）。此时室内风机可一直低风运行，但不再显示 H6 代码，判断故障为室内风机起动绕组开路或电容有故障。

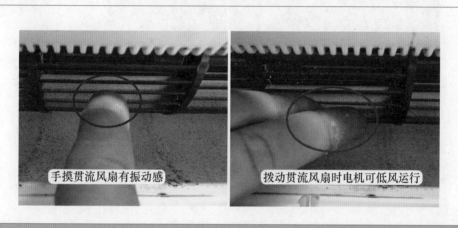

图 3-32　拨动贯流风扇

2. 检查室内风机电容虚焊

使用万用表交流电压挡，测量室内风机线圈供电插座电压约交流 220V，已为供电电压的最大值。使用万用表交流电流挡，测量室内风机公共端白线电流，实测为 0.37A，实测电压和电流均说明室内机主板已输出供电且室内风机线路没有短路故障。

断开空调器电源，抽出室内机主板，准备测量室内风机线圈阻值时，观察到风机电容未紧贴主板，用手晃动发现引脚已虚焊，见图 3-33 左图。

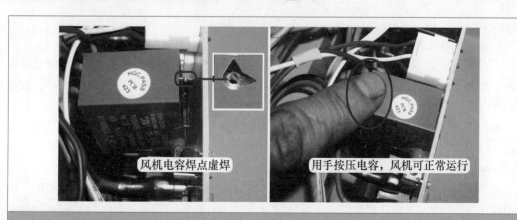

图 3-33　电容焊点虚焊

　　再次上电开机，用手拨动贯流风扇使室内风机运行，见图3-33右图，此时再用手按压电容使引脚接触焊点，室内风机立即由低风变为高风运行，且线圈供电电压由交流220V下降至约交流150V，但运行电流未变，恒定为0.37A。

　　维修措施：见图3-34，将风机电容安装到位，使用烙铁补焊2个焊点。再次上电开机，导风板打开后，室内风机立即高风运行，室外机运行后制冷恢复正常，同时不再显示H6代码，故障排除。

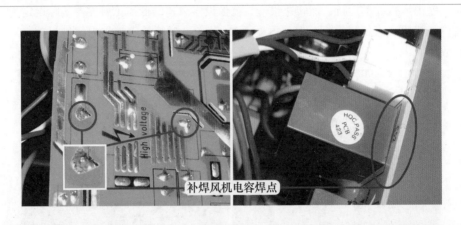

补焊风机电容焊点

图3-34　补焊风机电容焊点

　　总结：

　　① 本例室内风机电容由于体积较大，涂在电容表面的固定胶较少，加之焊点镀锡较少，经长途运输，电容引脚焊点虚焊，室内风机起动不起来，室内机主板CPU因检测不到反馈的霍尔信号，约1min后停止向室内机和室外机供电，显示H6代码。

　　② 如空调器使用一段时间（6年以后），室内风机电容容量变小或无容量，室内风机起动不起来，表现的现象和本例相同。

　　③ 如果贯流风扇由于某种原因卡死或室内风机轴承卡死，故障现象也和本例相同。

二、　霍尔反馈电路瓷片电容漏电

　　故障说明：格力KFR-23GW/K（23556）D2-N5挂式空调器，用户反映自动关机。

　　1. 测量霍尔反馈电压

　　上门检查，重新上电开机，室内风机运行，室外风机和压缩机也开始运行，空调器开始制冷，但约1min后，空调器自动关机，同时"运行"指示灯以闪烁11次报故障代码，查看代码含义为"无室内机电机反馈"，说明室内机CPU未接收到PG电机反馈的霍尔信号。

　　使用万用表直流电压挡，见图3-35，黑表笔接霍尔反馈插座PGF地引针、红表笔接反馈引针测量电压，在室内风机未运行时，用手拨动贯流风扇，反馈端电压为0V～0.34V～0V～0.34V跳动变化，而此时霍尔反馈的5V供电电压正常。

　　拔下电源插头待约30s后再次上电开机，室内风机开始运行，测量室内风机线圈供电插座电压约交流220V，测量霍尔反馈插座PGF中反馈引针电压约直流0.17V（173mV），由于霍尔反馈供电电压5V正常，而反馈电压不是正常的0V～5V～0V～5V的跳变电压，判断

PG 电机内部霍尔电路板损坏。

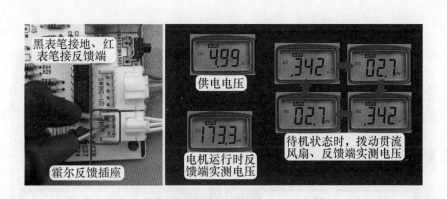

图 3-35　测量霍尔反馈电压

2. 更换 PG 电机故障依旧

本机室内风机（PG 电机）型号为 FN10A-PG，见图 3-36 左图，申领同型号电机更换后上电试机，故障依旧，运行约 1min 后自动关机，仍报"无室内机电机反馈"的故障代码，使用万用表直流电压挡，拨动贯流风扇时，测量霍尔反馈电压仍为 0V ~ 0.34V ~ 0V ~ 0.34V 跳动变化，室内风机运行时反馈端电压约直流 0.17V。

见图 3-36 右图，为确定新更换的室内风机是否损坏，使用万用表表笔尖，取出霍尔反馈插头中的反馈线。

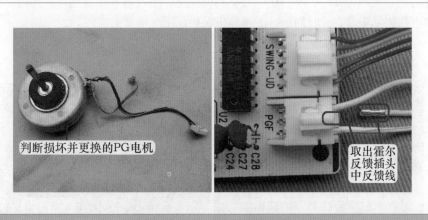

图 3-36　更换 PG 电机和取出反馈线

3. 测量霍尔反馈电压和阻值

使用万用表直流电压挡，见图 3-37 左图，黑表笔接地、红表笔接取出的霍尔反馈引线，同时用手拨动贯流风扇测量电压，实测为 0V ~ 5V ~ 0V ~ 5V 跳动变化，从而确定新更换的室内风机正常，故障在室内机主板。

引起室内风机霍尔反馈 5V 电压降低至约 0.3V，说明室内机主板霍尔反馈电路有短路或漏电故障，为准确判断，拔下霍尔反馈插头，使用万用表电阻挡，见图 3-37 右图，测量 PGF

插座地引针和反馈引针阻值，实测仅 824Ω，而正常应为无穷大，从而确定霍尔反馈电路有漏电故障。

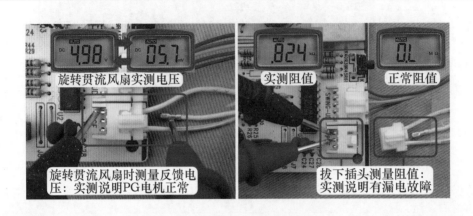

图 3-37　测量霍尔反馈电压和阻值

4. 测量瓷片电容阻值

见图 3-38，查看霍尔反馈电路，漏电常见故障元件为瓷片电容，本机为 C27 和 C26，使用电烙铁取下电容 C27，再使用万用表电阻挡，直接测量引脚阻值，正常应为无穷大，而实测仅为 824Ω，从而确定瓷片电容 C27 漏电（或称为短路）损坏。

取下电容 C27 不再安装，再次上电并安装霍尔反馈插头，用手拨动贯流风扇时测量 PGF 反馈引针电压，实测为 0V～5V～0V～5V 跳动变化，遥控器开机后电压变为约 2.5V，说明霍尔反馈电路恢复正常，长时间运行不再停机保护，制冷恢复正常。

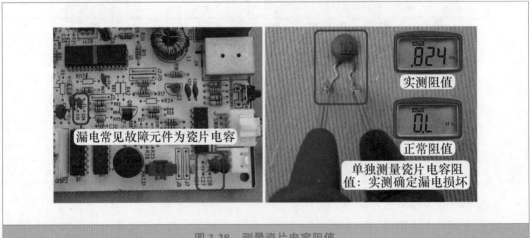

图 3-38　测量瓷片电容阻值

维修措施：见图 3-39，更换瓷片电容 C27（103）。如果暂时没有相同元件更换，可不用安装，室内机主板的霍尔反馈电路也能正常工作，待到有配件时再进行更换。

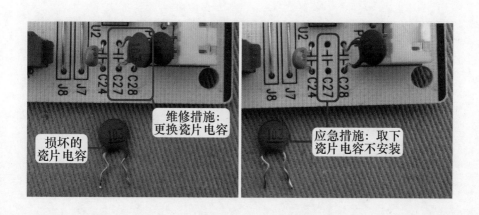

图 3-39　更换瓷片电容和应急措施

总结：

本例在维修时走了弯路，测量霍尔反馈电压在 0 ~ 0.3V 跳动变化时，便确定 PG 电机损坏，以至于更换 PG 电机后故障依旧。本例正确的做法应当取下霍尔反馈插头中的反馈引线，单独测量霍尔反馈电压加以确定（见图 3-37 左图），可避免误判。

三、　室内风机内部霍尔损坏

故障说明：海信 KFR-26GW/11BP 挂式交流变频空调器，遥控器开机后室外机运行一下就停机，室内风机一直高风运行。

1. 查看故障代码

将空调器接通电源，遥控器开机后室内风机开始运行，主控继电器触点闭合向室外机输出交流 220V，约 4s 时压缩机运行，7s 时室外风机运行，12s 时室内机主板主控继电器触点断开停止向室外机供电，压缩机和室外风机停止运行，约 3min 后室内机主板主控继电器触点闭合后马上就断开。

查看室内风机一直为超高风运行，测量线圈供电插座电压为交流 220V，和供电电压相同，按压遥控器上的风速按键调至"低风"，室内风机仍然以超高风运行。

按压遥控器上的传感器切换键 2 次，调出故障代码，室内机显示板组件"定时"灯点亮，查看代码含义为"室内风机"故障，说明室内机 CPU 检测不到室内风机输出的霍尔反馈信号，由于室内风机可以运行，因此应检查霍尔反馈插座电压。

2. 测量霍尔反馈插座电压

在室内风机运行时，使用万用表直流电压挡，见图 3-40 左图，将黑表笔接霍尔反馈插座中黄线即直流地，红表笔接棕线即测量霍尔反馈供电电压，正常为直流 5V，实测约 5V 说明供电电压正常。

见图 3-40 右图，黑表笔不动接直流地，红表笔接黑线测量霍尔反馈信号电压，正常为供电电压的一半，即直流 2.5V 左右，实测为直流 1.5V，与正常值相差较多，判断霍尔反馈电路出现故障。

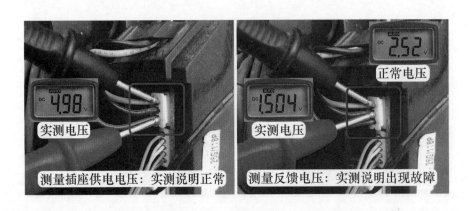

图 3-40　测量霍尔反馈插座供电和反馈电压

3. 拨动贯流风扇测量霍尔反馈电压

按压遥控器上的"开关"按键关闭空调器，但不拔下电源插头即处于待机状态，见图 3-41，手从出风框处伸入慢慢拨动贯流风扇，室内风机（PG 电机）中转子也慢慢转动，同时使用万用表直流电压挡，测量霍尔反馈电压，正常应为跳动电压，即 0V ~ 5V ~ 0V ~ 5V 变化，而实测电压为稳压不变的直流 1.5V，判断 PG 电机内部霍尔损坏。

图 3-41　用手拨动贯流风扇并测量霍尔反馈电压

4. 霍尔

拔下空调器电源插头，取下电控盒和蒸发器，在取下 PG 电机盖板后，松开 PG 电机轴与贯流风扇的固定螺钉（俗称螺丝），即可抽出 PG 电机，观察霍尔反馈引线由下盖处引出，说明霍尔电路板位于电机的下部，使用平口螺钉旋具（俗称螺丝刀）轻轻撬开下盖，见图 3-42，即可看见电路板，霍尔与转子上磁环相对应，取下电路板后，可见电路板组成也很简单，由霍尔、3 个电阻和 1 个电容组成，电路原理图见图 3-43。

电路板上为防止霍尔移动，见图 3-44，使用一个塑料框用于固定，使用电烙铁焊下霍尔，型号为 40AF，外观和晶体管（俗称三极管）类似，共有 3 个引脚：①脚为 VCC 供电接直流 5V；②脚为 GND 接直流电源地；③脚为输出 OUT。

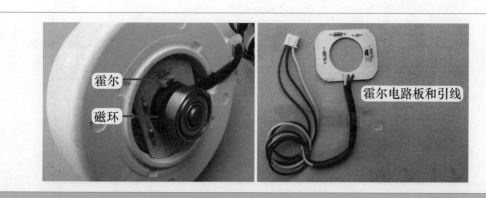

图 3-42 霍尔、磁环安装位置和电路板

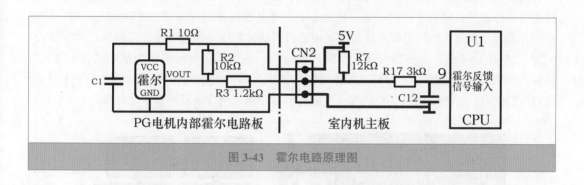

图 3-43 霍尔电路原理图

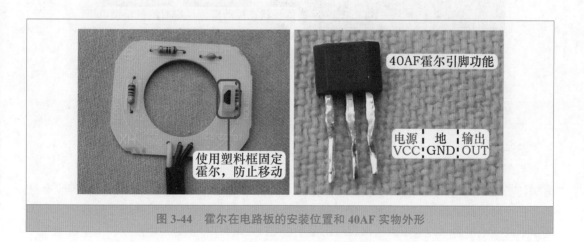

图 3-44 霍尔在电路板的安装位置和 40AF 实物外形

维修措施：见图 3-45，更换霍尔。由于没有相同型号的霍尔更换，使用外形与引脚功能均相同的 44E 代换。

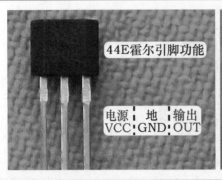

图 3-45　更换 44E 霍尔

　　剪去 44E 霍尔多余长度的引脚后安装霍尔电路板，组装好拆下的 PG 电机，并将 PG 电机安装在室内机底座上面，安装 PG 电机盖板、蒸发器、电控盒，恢复连接引线后将空调器接通电源但不开机即处于待机状态，见图 3-46，手从出风框处伸入慢慢拨动贯流风扇，同时使用万用表直流电压挡测量霍尔反馈插座中输出引线（黑线）和地电压，实测为 0.3V ~ 5V ~ 0.3V ~ 5V 跳动变化，遥控器开机，室内风机运行，测量霍尔反馈电压为稳定的直流 2.7V，且室内风机转速随遥控器上的风速控制变换，低风时线圈电压约为交流 120V。室内机主板向室外机供电后，压缩机和室外风机一直运行不再停机，制冷恢复正常，故障排除。

图 3-46　测量霍尔反馈插座反馈电压

　　总结：
　　霍尔是一种基于霍尔效应的磁传感器，用它们可以检测磁场及其变化，可在各种与磁场有关的场合中使用。应用在 PG 电机中时，霍尔安装在电路板上，电机的转子上面安装有磁环，在空间位置上霍尔与磁环相对应，转子旋转时带动磁环转动，霍尔将磁感应信号转化为高电平或低电平的脉冲电压由输出脚输出至主板 CPU，CPU 根据脉冲电压计算出电机的实际转速，与目标转速相比较，如有误差，则改变光耦晶闸管（俗称光耦可控硅）的导通角，从而改变 PG 电机的转速，使之与目标转速相对应。

空调器室外机故障

第一节　连接线故障

一、原机连接线接线错误

故障说明：米家（小米）KFR-26GW/F3W1挂式空调器，用户反映新装机，刚开始使用制冷模式，房间温度不下降反而上升，要求上门检查。

1. 感觉室内机和室外机出风口温度

上门检查，使用遥控器以制冷模式开机，室内风机运行，见图4-1左图，将手放在出风口，感觉吹出的风为热风。

到室外机检查，室外机正在振动，说明室外机已有供电。见图4-1右图，将手放在室外机出风口，感觉无风吹出，正常时制冷模式下室外风机应随压缩机运行而一直运行。

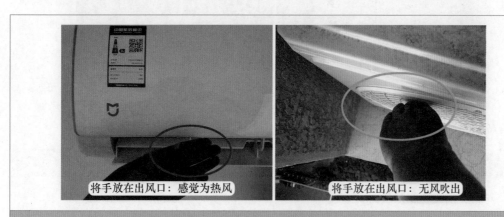

将手放在出风口：感觉为热风　　　将手放在出风口：无风吹出

图4-1　感觉室内机和室外机出风口温度

2. 测量压力和手摸二、三通阀感觉温度

在三通阀检修口接上压力表，测量压力，制冷模式下应由平衡静态压力（约1.0MPa）逐渐下降至正常的运行压力（约0.45MPa）（本机使用R22制冷剂），见图4-2左图，本例实测时运行压力逐渐上升，说明系统未运行在制冷模式，处于制热模式。

用手摸室外机二通阀和三通阀感觉温度，见图4-2右图，手摸三通阀较热、二通阀接近常温，手摸冷凝器感觉较凉，制冷模式下三通阀和二通阀应均较凉、冷凝器较热，根据温度也说明系统处于制热模式。

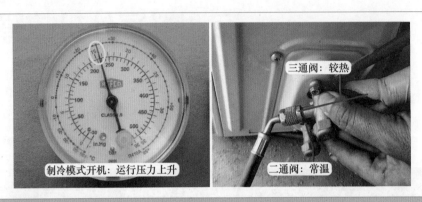

图4-2 测量压力和手摸二、三通阀感觉温度

3. 查看接线图和对比连接线

制冷模式下系统工作在制热模式，常见原因有连接线接错、四通阀卡死等。但本机为新装机，通常为连接线接错。取下室外机接线盖，查看内侧的电气接线图，见图4-3左图，接线端子下方1号为棕线接压缩机，2号为紫线接室外风机，3号为橙线接四通阀线圈，N号为蓝线接电源零线。

查看室外机接线端子下方实际接线时，见图4-3右图，1号为棕线，2号为橙线，3号为紫线，N号为蓝线，和室外机电气接线图对比，2号室外风机和3号四通阀线圈的连接线接反。

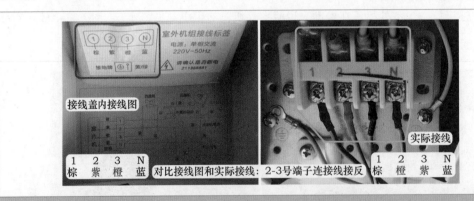

图4-3 查看接线图和对比连接线

4. 对调连接线和测量压力

断开空调器电源，见图4-4左图，1号和N号端子下方连接线不动，对调2号和3号端子下方连接线，使调整后2号为紫线、3号为橙线，和室外机电气接线图相对应。

重新上电开机，到室外机检查，压缩机和室外风机均开始运行，手摸二通阀变凉、三通阀逐步变凉，室外风机吹出较热的风，见图4-4右图，查看系统运行压力，在压缩机开始运行后，由1.0MPa逐步下降至正常值约0.45MPa，再到室内机检查，将手放在出风口，感觉吹出的风较凉，根据以上数据综合判断制冷已恢复正常。

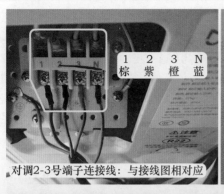

对调2-3号端子连接线：与接线图相对应　　制冷模式开机：运行压力下降

图4-4　对调连接线和测量压力

维修措施：对调室外机接线端子下方室外风机和四通阀线圈连接线。

总结：

对于新装空调器，制冷模式下开机，室内机吹热风，通常为室外风机和四通阀线圈的连接线接反引起，通过查看室外机电气接线图和实际接线图，对调连接线就可以排除故障。

二、　加长连接线接线错误

故障说明：米家（小米）KFR-26GW/F3W1挂式空调器，用户反映冬季安装，当时使用正常，但夏天使用发现不制冷。

1. 感觉室外机出风口和测量压缩机电压

上门检查，使用遥控器以制冷模式开机，室内风机运行，将手放在室内机出风口，感觉吹出的风为热风。再到室外机检查，手摸三通阀感觉较热、二通阀略高于常温，见图4-5左图，将手放在室外机出风口，感觉无风吹出，根据温度和室外风机无风吹出，初步判断室外风机和四通阀线圈连接线接反。

查看室外机接线端子下方的连接线时，发现为加长连接线而不是原装连接线。使用万用表交流电压挡，见图4-5右图，红表笔接N号端子（下方为蓝线）、黑表笔接1号（下方为红线）测量压缩机电压，实测为221V，说明室内机主板输出的供电已送至压缩机。

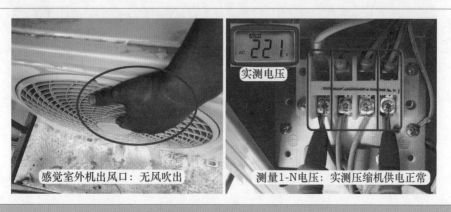

感觉室外机出风口：无风吹出　　测量1-N电压：实测压缩机供电正常

图4-5　感觉室外机出风口和测量压缩机电压

2. 测量室外风机和四通阀线圈电压

红表笔不动依旧接 N 号端子，黑表笔改接 2 号（下方为黄 / 绿线）测量室外风机电压，见图 4-6 左图，实测约为 0V，说明室内机主板未输出供电，使得室外风机不能运行。

红表笔不动依旧接 N 号端子，黑表笔改接 3 号（下方为黄线）测量四通阀线圈电压，见图 4-6 右图，实测为 221V，而制冷模式开机时四通阀线圈电压应为 0V，根据实测室外风机电压约为 0V、四通阀线圈电压为 221V，确定室外风机和四通阀线圈的连接线接反，1 号压缩机和 N 号零线正常。

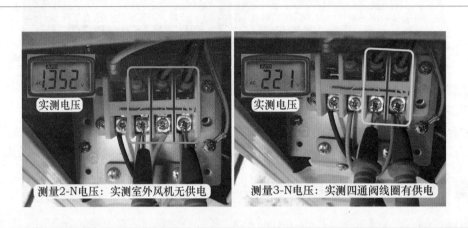

图 4-6　测量室外风机和四通阀线圈电压

3. 对调室外风机和四通阀线圈连接线

断开空调器电源，查看室外机接线端子下方连接线，见图 4-7 左图，1 号为红线接压缩机，2 号黄 / 绿线接室外风机，3 号黄线接四通阀线圈，N 号蓝线接电源零线。

将黄线改接至 2 号端子下方、黄 / 绿线改接至 3 号端子下方，同时 1 号红线和 N 号蓝线不动，对调连接线后实际接线见图 4-7 右图。

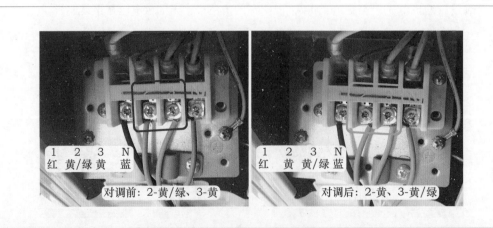

图 4-7　对调室外风机和四通阀线圈连接线

4. 对调连接线后测量室外风机和四通阀线圈电压

将空调器接通电源并使用遥控器以制冷模式开机，再次到室外机检查，压缩机运行，室外风机也开始运行，出风口有较热的风吹出，手摸二通阀变凉、三通阀逐步变凉，说明系统工作在制冷模式。

使用万用表交流电压挡，见图 4-8 左图，黑表笔接 N 号零线、红表笔接 2 号室外风机测量电压，实测为 221V。

见图 4-8 右图，黑表笔不动依旧接 N 号零线、红表笔改接 3 号四通阀线圈测量电压，实测约为 0V，根据 2 次测量结果说明供电正常。

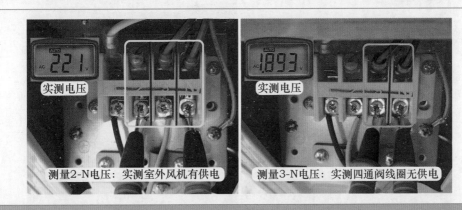

图 4-8 测量室外风机和四通阀线圈电压

维修措施：对调室外机接线端子下方室外风机和四通阀线圈连接线。

总结：

本例由于室外机和室内机距离较远，中间加长了连接管道，同时也加长了连接线，接线端子下方为加长的连接线，并非原机连接线，因此不能根据室外机电气接线图标示的连接线颜色判断出连接线功能，维修时应使用万用表交流电压挡，根据测量电压得出的数据，判断连接线的功能。

第二节 室外风机故障

一、 室外风机电容无容量

故障说明：美的 KFR-23GW/DY-X(E2) 挂式空调器，用户反映只是刚开机时吹一下冷风，之后不再制冷。

1. 手摸冷凝器和室外风扇不运行

上门检查，重新上电开机，室内风机运行，将手放在出风口，感觉吹出的风较凉。再到室外机检查，感觉温度较高，见图 4-9 左图，手摸冷凝器感到烫手。

再将手放在室外机出风口，感觉无风吹出，取下上盖，见图 4-9 右图，查看室外风扇不运行，处于停止状态。

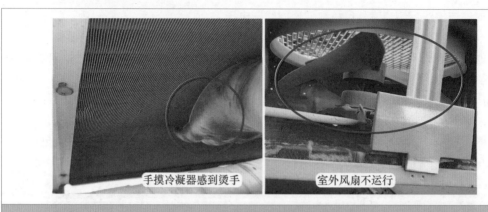

图 4-9　手摸冷凝器和室外风扇不运行

2. 测量压缩机和室外风机电压

使用万用表交流电压挡，见图 4-10，黑表笔接 2 号 N 端零线、红表笔接 1 号测量压缩机电压，实测 223V 说明供电正常；黑表笔不动，红表笔改接 4 号测量室外风机电压，实测 223V 说明供电正常，排除室内机主板供电故障。

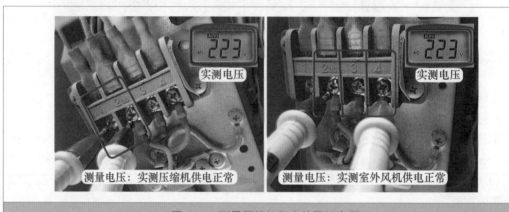

图 4-10　测量压缩机和室外风机电压

3. 测量室外机负载阻值

断开空调器电源，使用万用表电阻挡，见图 4-11 左图，1 表笔（红表笔）接 2 号 N 端零线、1 表笔（黑表笔）接 1 号端子测量压缩机运行绕组阻值，实测为 4.8Ω 说明正常。

红表笔不动接 2 号 N 端、黑表笔改接 3 号测量四通阀线圈阻值，见图 4-11 中图，实测约为 1.7kΩ 说明正常。

红表笔不动接 2 号 N 端、黑表笔改接 4 号测量室外风机运行绕组阻值，见图 4-11 右图，实测为 281Ω 说明正常。

4. 转动室外风扇和电容漏液

用手转动室外风扇扇叶，见图 4-12 左图，感觉转动很轻松，且没有异响，排除因轴承卡死引起室外风扇不能转动。

准备测量室外风机电容端子上面的运行绕组和起动绕组阻值时，见图 4-12 右图，发现电容表面鼓包，中间已漏出液体。

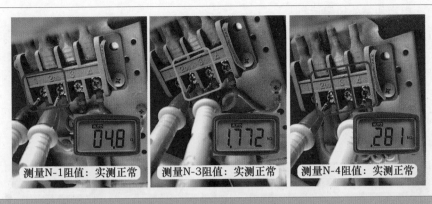

测量N-1阻值：实测正常　　测量N-3阻值：实测正常　　测量N-4阻值：实测正常

图 4-11　测量室外机负载阻值

转动室外风扇感觉轻松　　　　　查看电容表面漏液

图 4-12　转动室外风扇和电容漏液

5. 测量电容容量

　　取下原机电容，查看标注容量为 2μF，使用带电容测量功能的万用表优利德 UT216C，见图 4-13 左图，选择电容挡，表笔接 2 个端子测量容量，实测约为 0.4nF，已接近无容量损坏。

　　由于无同容量的电容更换，使用容量接近的 2.5μF 电容进行代换，见图 4-13 右图，表笔接电容的 2 个端子测量容量，实测约为 2.47μF，和标注容量基本相同。

测量原机电容：接近无容量　　原机电容　　配件电容　　测量配件电容：容量正常

图 4-13　测量电容容量

6. 更换电容和室外风扇运行

将新的配件电容固定在原机电容位置，见图 4-14 左图，将 2 根红线（电源零线和运行绕组）安装在电容 1 侧的端子，将 1 根蓝线（起动绕组）安装在另 1 侧端子。注意：由于原机电容端子使用大插片，而配件电容端子使用小插片，安装连接线时，应使用钳子将插头夹紧，使安装插头后紧紧固定在电容端子上面，以防止松动引起接触不良。

再次将空调器通电开机，室内机主板向室外机供电后，见图 4-14 右图，室外风扇开始运行，同时压缩机也开始运行，制冷也恢复正常。

图 4-14　更换电容和室外风扇运行

维修措施：更换室外风机电容。

总结：

① 本例由于电容鼓包漏液、容量接近无容量损坏，使得室外风机不能运行，冷凝器无法散热，故障现象是刚开机时由于冷凝器表面接近室外环温，室内机出风温度较低，随着时间运行，冷凝器表面温度逐渐升高，室内机制冷效果逐渐下降，出风口温度也逐渐上升，冷凝器温度升高致使压缩机排气压力升高、负载变大，压缩机超负载运行，压缩机电流和温度均迅速上升，超过内部热保护器的保护阈值时，内部触点断开，压缩机停止工作，此时由于冷凝器聚集较高的热量，通过制冷剂送至蒸发器，室内机吹出时间较短但较热的风。

② 从空调器开机到压缩机停机的时间一般为 3~5min，且此时室外机由于压缩机和室外风机均处于停止状态，容易造成误判，维修时应注意。

③ 测量室外风机线圈阻值时，2 号 N 端零线和运行绕组相通，4 号端子上方黑线为公共端，测量 2 号 N 端和 4 号端子阻值相当于测量公共端 - 运行绕组阻值，判断线圈是否正常，还应测量公共端 - 起动绕组和运行绕组 - 起动绕组的阻值来判断。

二、　室外风机电容容量减少

故障说明：伊莱克斯 EAS35HBTN2B 挂式空调器，用户反映制冷效果差，室外温度较低时制冷效果还可以，但室外温度较高时，长时间开机房间还达不到设定温度。

1. 感觉温度和查看状态

上门检查，用户正在使用空调器，见图 4-15 左图，将手放在室内机出风口，感觉不是太凉，掀开进风格栅，取下过滤网，手摸蒸发器较凉，但不是冰凉的感觉。

到室外机检查，查看室外机接口，见图 4-15 中图，发现二通阀干燥未结露、三通阀结露，手摸二通阀接近常温、三通阀冰凉。

因二通阀干燥一般是由于冷凝器温度较高所致，见图 4-15 右图，用手摸冷凝器的反面，感觉温度上部较高、下部也高于室外环温较多。

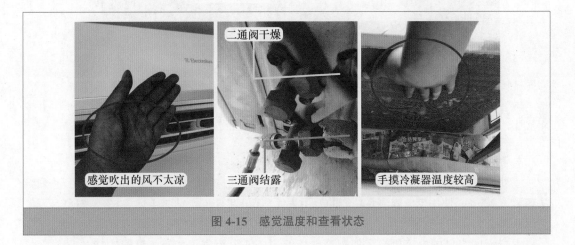

图 4-15　感觉温度和查看状态

2. 测量压力和电流

在三通阀检修口接上压力表，见图 4-16 左图，测量系统运行压力，实测约为 0.6MPa，明显高于正常值（本机使用 R22 制冷剂，正常压力约为 0.45MPa）。

使用万用表交流电流挡，见图 4-16 右图，钳头夹住室外机接线端子 1 号下方连接线，测量压缩机电流，实测约为 5.8A，明显高于正常值（本机额定电流为 4.9A）。

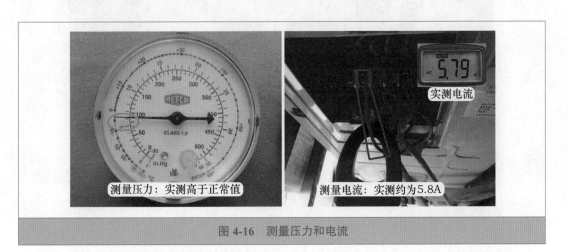

图 4-16　测量压力和电流

3. 感觉出风口温度和常见原因

将手放在室外机出风口，见图 4-17 左图，感觉温度较高且风量较弱，风量弱使得冷凝器散热效果变差。

风量弱常见原因见图 4-17 右图，通常为冷凝器脏堵或室外风扇转速慢。

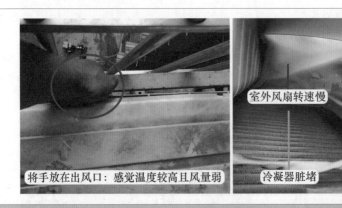

图 4-17　感觉出风口温度和常见原因

4. 测量电容容量

室外风机转速慢常见原因为电容容量减少，于是断开空调器电源，取下原机电容，查看标注容量为 2.5μF，使用带电容测量功能的万用表优利德 UT216C，见图 4-18 左图，选择电容挡，表笔分别接 2 个端子测量容量，实测约为 0.7μF，低于标注容量较多，说明容量减少损坏。

由于无同容量的电容更换，使用容量接近的 3μF 电容进行代换，见图 4-18 右图，表笔接电容的 2 个端子测量容量，实测约为 2.98μF，和标注容量基本相同。

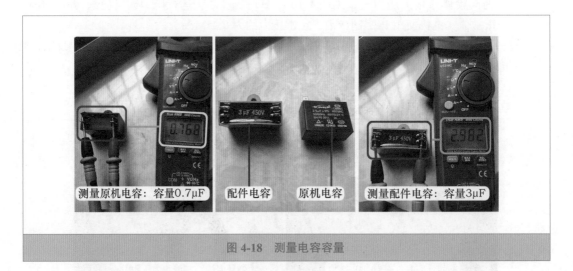

图 4-18　测量电容容量

5. 更换电容和清洗冷凝器

将新的配件电容固定在原机电容位置，见图 4-19 左图，将 2 根蓝线（电源零线和运行绕组）安装在电容 1 侧的端子，将 1 根橙线（起动绕组）安装在另 1 侧端子。

查看此机冷凝器正面和反面均没有大量尘土堵塞，但考虑此空调器已使用了较长时间（约 10 年），且一直没有清洗过，见图 4-19 右图，使用高压水泵仔细清洗冷凝器正面和反面，冲去内部的尘土。

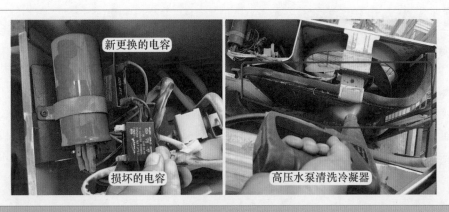

图 4-19　更换电容和清洗冷凝器

6. 查看压力和室外机状态

等待 3min 左右使冷凝器中的水分尽量流出后，再将空调器接通电源并开机，运行约 10min 以后待系统稳定，见图 4-20，查看系统运行压力已稳定在约 0.48MPa，同时查看二通阀细管结露、三通阀粗管结露，使用万用表交流电流挡，测量 1 号端子压缩机电流，实测约为 4.3A，将手放在室外机出风口，感觉温度略高于室外机温度且风量变大，同时室内房间温度也下降较快，综合数据判断故障排除。

图 4-20　查看压力和室外机状态

维修措施：更换室外风机电容和清洗冷凝器。

总结：

① 本例由于室外风机电容容量减少，使得室外风扇运行变慢，冷凝器散热效果变差，故障现象如下：冷凝器表面温度较高、室外机出风口温度较高且风量弱、运行压力升高、运行电流升高、二通阀干燥且温度接近常温、三通阀结露且冰凉、室内机出风口凉但不是太凉、房间温度下降较慢、制冷效果受室外温度影响较大（室外温度较低时感觉正常、温度较高时感觉效果明显变差）。

② 在维修空调器时，如果购机（或使用）时间较长，应使用高压水泵清洗冷凝器，冲掉翅片中的尘土，可使制冷效果明显变好一些。

三、 室外风机线圈开路

故障说明： 海尔 KFR-26GW/03GCC12 挂式空调器，用户反映不制冷，长时间开机室内温度不下降。

1. 检查出风口温度和室外机

上门检查，用户正在使用空调器，见图 4-21 左图，将手放在室内机出风口，感觉为自然风，接近房间温度，查看遥控器设定为制冷模式"16℃"，说明设定正确，应到室外机检查。

到室外机检查，手摸二通阀和三通阀均为常温，见图 4-21 右图，查看室外风机和压缩机均不运行，用手摸压缩机对应的室外机外壳温度很高，判断压缩机过载保护。

图 4-21　室内机吹风不凉和室外风机不运行

2. 测量压缩机和室外风机电压

使用万用表交流电压挡，见图 4-22 左图，测量室外机接线端子上 2（N）零线和 1（L）压缩机电压，实测为交流 221V，说明室内机主板已输出压缩机供电电压。

见图 4-22 右图，测量 2（N）零线和 4（室外风机）端子电压，实测为交流 221V，室内机主板已输出室外风机供电电压，说明室内机正常，故障在室外机。

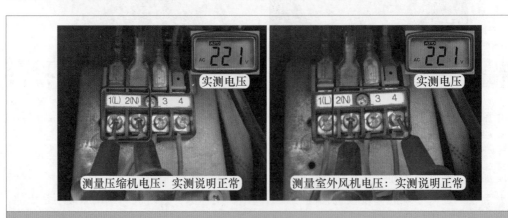

图 4-22　测量压缩机和室外风机电压

3. 拨动室外风扇和测量线圈阻值

见图 4-23 左图，将螺钉旋具（俗称螺丝刀）从出风框伸入，按室外风扇运行方向拨动室外风扇，感觉无阻力，排除室外风机轴承卡死故障，拨动后室外风扇仍不运行。

断开空调器电源，使用万用表电阻挡，测量2（N）端子（接公共端C）和1（L）端子（接压缩机运行绕组R）阻值，实测结果为无穷大，考虑到压缩机对应的外壳烫手，确定压缩机内部过载保护器触点断开。

见图4-23右图，再次测量2（N）端子上黑线（接公共端C）和4端子上白线（接室外风机运行绕组R）阻值，正常约为300Ω，而实测结果为无穷大，初步判断室外风机线圈开路损坏。

图4-23　拨动室外风扇和测量线圈阻值

4. 测量室外风机线圈阻值

取下室外机上盖，手摸室外风机表面为常温，排除室外风机因温度过高而过载保护，依旧使用万用表电阻挡，见图4-24，1表笔接公共端（C）黑线、1表笔接起动绕组（S）棕线测量阻值，实测结果为无穷大；将万用表1表笔接S棕线、1表笔接R白线测量阻值，实测结果为无穷大，根据测量结果确定室外风机线圈开路损坏。

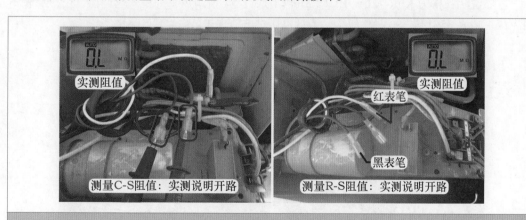

图4-24　测量室外风机线圈阻值

维修措施：见图4-25，更换室外风机。更换后使用万用表电阻挡测量2（N）和4端子阻值为332Ω，上电开机，室外风机和压缩机均开始运行，制冷正常，长时间运行压缩机不再过载保护。

图 4-25　更换室外风机和测量线圈阻值

总结：

① 本例由于室外风机线圈开路损坏，室外风机不能运行，以制冷模式开机后冷凝器热量不能散出，运行压力和电流均直线上升，约 4min 后压缩机因内置过载保护器触点断开而停机保护，因而空调器不再制冷。

② 本机室外风机型号为 KFD-40MT，6 极 27W，黑线为公共端（C）、白线为运行绕组（R）、棕线为起动绕组（S），实测 C-R 阻值为 332Ω、C-S 阻值为 152Ω、R-S 阻值为 484Ω。

第三节　压缩机故障

一、电源电压低

故障说明：格力 KFR-72LW/E1（72568L1）A1-N1 清新风系列柜式空调器，用户反映不制冷，并显示 E5 代码，查看代码含义为低电压过电流保护。

1. 测量压缩机电流

上门检查，重新上电开机，到室外机检查，见图 4-26 左图，压缩机发出"嗡嗡"声但起动不起来，室外风机转一下就停机。

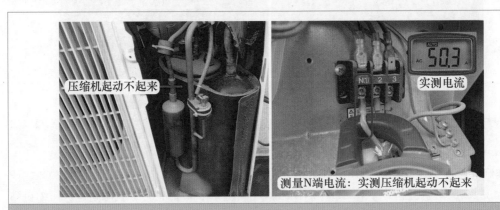

图 4-26　测量室外机电流

使用万用表交流电流挡，见图4-26右图，测量室外机接线端子上N端电流，待3min后室内机主板再次为压缩机交流接触器线圈供电，交流接触器触点闭合，但压缩机依旧起动不起来，实测电流最高约50A，由于是刚购机3年左右的空调器，压缩机电容通常不会损坏，应着重检查电源电压是否过低和压缩机是否卡缸损坏。

2. 测量电源电压

使用万用表交流电压挡，见图4-27，黑表笔接室外机接线端子上N（1）端子、红表笔接3端子测量电压，在压缩机和室外风机未运行（静态）时，实测约交流200V，低于正常值220V；待3min后室内机主板控制压缩机和室外风机运行（动态）时，电压直线下降至约140V，同时压缩机起动不起来，3s后室外机停机，由于压缩机起动时电压下降过多，说明电源电压供电电路有故障。

到室内机检查电源插座，测量墙壁中为空调器提供电源的引线，实测电压在压缩机起动时仍为交流140V，初步判断空调器正常，故障为电源电压低引起，于是让用户找物业电工来查找电源供电故障。

➡ 说明：室外机接线端子上2号为压缩机交流接触器线圈的供电引线。

维修措施：经小区物业电工排除电源供电故障，再次上电但不开机，待机电压约为交流220V，压缩机起动时动态电压下降至约200V但马上又上升至约220V，同时压缩机运行正常，制冷也恢复正常。

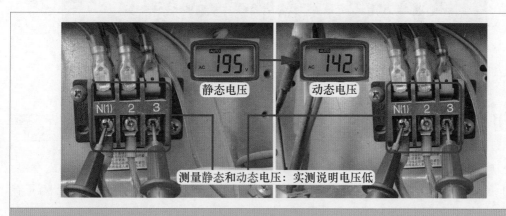

图4-27　测量电源电压

总结：

① 空调器中压缩机功率较大，对电源电压值要求相对比较严格一些，通常在压缩机起动时电压低于交流180V便容易引起起动不起来故障，而正常的电源电压即使在压缩机卡缸时也能保证在约为交流200V。

② 家用电器中如电视机、机顶盒等物品，其电源电路基本上为开关电源宽电压供电，即使电压低至交流150V也能正常工作，对电源电压值要求相对较宽，因此不能以电视机等电器能正常工作便确定电源电压正常。

③ 测量电源电压时，不能以待机（静态）电压为准，而是以压缩机起动时（动态）电压为准，否则容易引起误判。

二、 压缩机连接线烧断

故障说明：美的 KFR-32GW/DY-X（E5）挂式空调器，用户反映，正在使用中突然出现不制冷故障。

1. 测量电流和电压

上门检查，使用遥控器开机，室内风机开始运行，将手放在出风口，感觉为自然风，掀开进风格栅，手摸蒸发器也为常温，说明系统不制冷。

到室外机检查，查看室外风机运行，但压缩机不运行，使用万用表交流电流挡，见图 4-28 左图，钳头夹住接线端子的 1 号端子上方压缩机公共端黑线，测量压缩机电流，实测约为 0A，说明压缩机没有运行。

使用万用表交流电压挡，见图 4-28 右图，表笔接 1 号端子上方压缩机黑线和 2 号端子上方电源零线蓝线，测量电压，实测为 222V，说明室内机主板已输出供电。

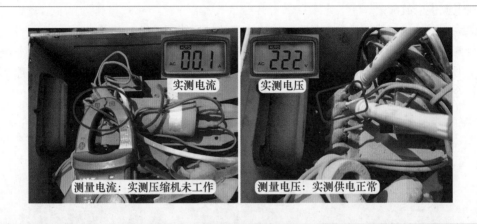

图 4-28 测量电流和电压

2. 测量线圈阻值

压缩机共有 3 根连接线。接线端子上方 1 号黑线，为压缩机公共端 C；电容 1 侧端子有 2 根红线，为电源零线和运行绕组 R；电容 1 侧端子有 1 根蓝线，为起动绕组 S。

断开空调器电源，拔下 1 号端子上方公共端黑线 C，使用万用表电阻挡，见图 4-29，红表笔接 C、黑表笔接 R，实测阻值约为 1.4MΩ，说明开路；红表笔接 C、黑表笔接 S，实测阻值约为 1.4MΩ，说明开路；红表笔接 S、黑表笔接 R，实测阻值约为 7Ω，说明正常。根据测量结果判断压缩机公共端黑线有开路故障。

3. 连接线断路

取下电控盒，查看压缩机时，见图 4-30 左图，发现接线盖正常，没有烧坏的痕迹。

取下接线盖后，见图 4-30 中图，查看压缩机的连接线已经炭化，表面发黑发绿。

单独检查连接线时，见图 4-30 右图，公共端黑线端子已经烧掉，只剩下根部，已经无法和压缩机的端子相连接；起动绕组蓝线插头安装在端子上面，但连接线绝缘层已经破损，露出内部的铜线；运行绕组红线虽然安装在接线端子上面，但插头也已经锈迹斑斑，容易造成接触不良。综合判断，为压缩机连接线损坏。

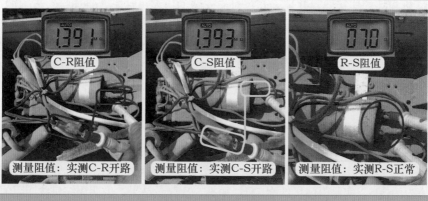

图 4-29　测量线圈阻值

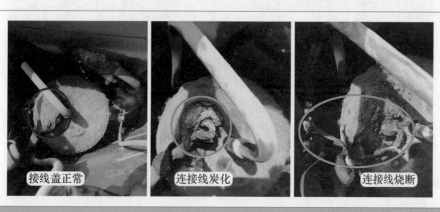

图 4-30　连接线断路

4. 配件连接线和安装

寻找一段连接线，见图 4-31 左图，本处使用变频空调器电控盒内附带的压缩机连接线，共有 3 根，连接线颜色和原机相同，1 侧为端子插头，可安装至压缩机端子；另 1 侧为插头，可剪断后连接电控盒的连接线。

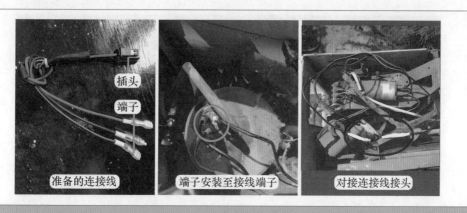

图 4-31　配件连接线和安装

取下原机损坏的连接线，并记录颜色对应安装的压缩机端子，将连接线破损的部分杂物清扫干净，使用砂纸将压缩机端子表面的锈斑清除干净，以避免安装连接线后接触不良。见图4-31中图，将连接线的端子插头安装至压缩机端子上面，注意连接线的颜色要与原来相对应。

将连接线另1侧的插头剪掉，见图4-31右图，按端子的功能连接至接线端子和电容端子，并使用防水胶布包扎好接头。由于使用的连接线颜色和原机相同，端子插头的安装位置和原机相同，因此上方的连接线也是按颜色对应相连。

5. 测量阻值

使用万用表电阻挡，见图4-32，红表笔接公共端黑线C、黑表笔接运行绕组红线R，实测阻值为2.7Ω；红表笔接公共端黑线C、黑表笔改接起动绕组蓝线S，实测阻值为4.4Ω；红表笔接R、黑表笔接S，实测阻值仍约为7Ω，根据3次测量结果，说明压缩机线圈阻值正常。

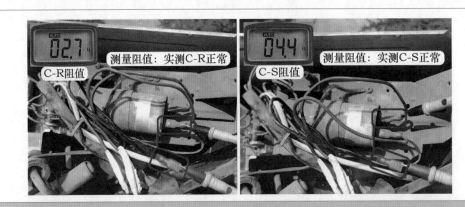

图4-32　测量阻值

6. 测量电流和压力

将黑线恢复安装至接线端子1号端子上方，再次上电开机，使用万用表交流电流挡，钳头夹住黑线测量电流，见图4-33左图，实测约为5.4A，说明压缩机正在运行，室外风机同时也开始运行。

在三通阀检修口接上压力表，测量系统运行压力，见图4-33右图，实测约为0.45MPa（本机使用R22制冷剂），手摸二通阀细管和三通阀粗管均较凉，说明制冷正常。

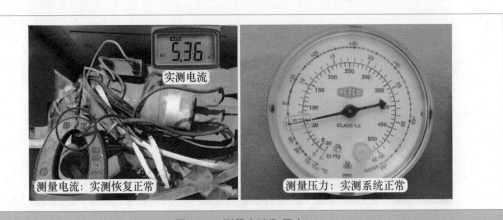

图4-33　测量电流和压力

维修措施：更换压缩机连接线。

总结：

① 使用万用表电阻挡，在电容端子和接线端子处，测量压缩机连接线阻值为无穷大时，不要轻易判断为压缩机内部线圈损坏，应取下压缩机接线盖，通过测量压缩机端子阻值来确定是否损坏，因为在实际维修中，压缩机接线盖内连接线的端子损坏或压缩机端子损坏在维修中占到一定比例，通过更换连接线或压缩机端子即可排除故障。

② 在检查压缩机连接线损坏时，在更换压缩机连接线前应使用万用表电阻挡，测量压缩机端子阻值，来判断内部线圈是否正常，以免造成更换压缩机连接线后、上电试机仍不运行、再检查为内部线圈损坏的故障。

③ 在更换压缩机连接线时，在拆除损坏的连接线前应判断出压缩机端子的功能，更换时根据端子的功能，将连接线安装（或对接）至电容端子和接线端子上面。

三、　压缩机电容无容量

故障说明：美的 KFR-32GW/Y-I5 挂式空调器，用户反映不制冷，一段时间以后显示板组件上的指示灯开始闪烁。

1. 故障代码和测量电流

上门检查，根据用户介绍，见图 4-34 左图，空调器工作一段时间以后为定时灯闪烁、其他指示灯和显示屏均熄灭，查看故障代码表，含义为 4 次电流保护。

到室外机检查，取下上盖，使用万用表交流电流挡，见图 4-34 右图，钳头夹住压缩机的运行绕组红线测量电流，取下空调器电源插头，重新上电开机，室内机主板向室外机供电时，查看电流约为 32A，同时压缩机起动不起来，室外风机运行约 5s 后也停止运行，说明主板检测正常，电流确实很大。

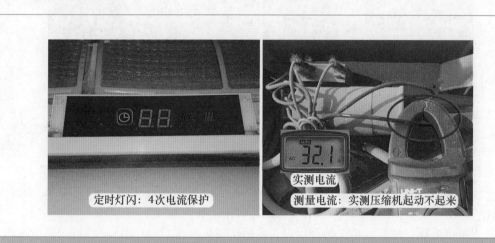

定时灯闪：4 次电流保护

实测电流

测量电流：实测压缩机起动不起来

图 4-34　故障代码和测量电流

2. 常见原因

压缩机起动时电流过大，同时起动不起来，常见原因见图 4-35，通常为电容无容量或容量减少损坏，一部分原因为压缩机内部机械部分锈在一起不能运转（卡缸）。

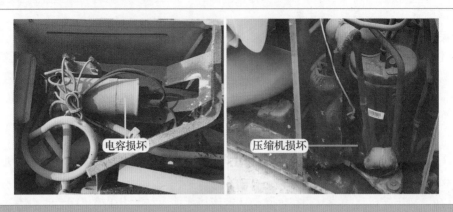

图 4-35　常见原因

3. 代换电容和测量电流

见图 4-36 左图，查看原机压缩机电容容量为 35μF，使用容量接近的 30μF 电容进行代换。代换时步骤很简单，断开空调器电源，将新电容安装在原位置，只有 1 根蓝线为起动绕组，安装在电容端子的 1 侧，有 2 根红线为运行绕组和电源零线，安装在电容端子的另 1 侧。

再次将空调器重新上电开机，室内机主板向室外机供电，室外风机和压缩机均开始运行，见图 4-36 右图，查看压缩机电流，供电瞬间约为 30A，约 1s 后降至约 4A，随着时间运行负载加大逐步上升至约 6A，说明压缩机已正常运行。

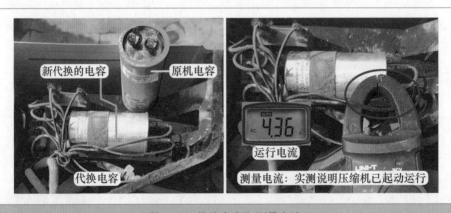

图 4-36　代换电容和测量电流

4. 测量压力和电容容量

在三通阀检修口接上压力表，测量系统运行压力，见图 4-37 左图，实测约为 0.45MPa（本机使用 R22 制冷剂），手摸二通阀和三通阀均较凉，也说明制冷系统恢复正常。

使用带有电容容量测量功能的万用表，本例使用优利德 UT216C，将挡位拨至电容挡，见图 4-37 右图，表笔直接接电容的 2 个端子，实测容量为 0μF，说明电容已无容量损坏。

维修措施：更换压缩机电容。

总结：

① 本机显示板组件使用指示灯 + 显示窗的组合方式显示空调器的运行状态，但在显示故障代码时以指示灯的闪烁或点亮进行表示，而不是显示窗直接显示如 E4 故障代码。

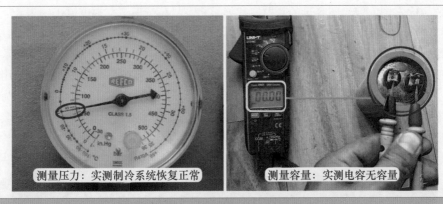

图 4-37　测量压力和电容容量

② 美的目前的定频空调器，通常以 E4 故障代码，来表示 4 次电流保护的内容。故障现象如下：室内机主板向室外风机和压缩机供电，如压缩机卡缸等原因起动不起来，室内机主板检测到电流过大，则停止输出供电，同时室外风机共运行约 5s 后也停止运行。等待约 3min 后主板再次输出供电，压缩机同样起动不起来，主板检测电流过大后停止供电，室外风机共运行约 5s 后再次停止运行，主板等待 3min 后再次供电，如果连续 4 次供电均检测到电流过大，则不再输出供电，显示 E4 故障代码或以指示灯闪烁的方式表示故障代码内容。

③ 压缩机在起动时由于电流过大起动不起来，如果是时间超过 6 年以上的老空调器，一般为电容损坏，如果是 6 年以内较新的空调器，一般为压缩机损坏。

四、　压缩机卡缸

故障说明：格力 KFR-72LW/E1（72d3L1）A-SN5 柜式空调器，用户反映不制冷，室外风机一转就停，一段时间后显示 E5 故障代码，代码含义为低电压过电流保护。

1. 测量压缩机电流和代换压缩机电容

到室外机检查，见图 4-38 左图，首先使用万用表交流电流挡，钳头夹住室外机接线端子上 N 端引线，测量室外机电流，在上电压缩机起动时实测电流约 65A，说明压缩机起动不起来。在压缩机起动时测量接线端子处电压约交流 210V，说明供电电压正常，初步判断压缩机电容损坏。

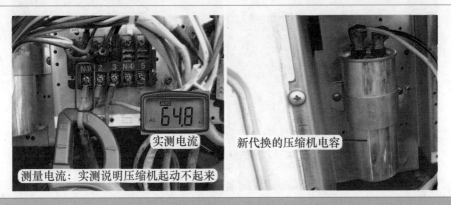

图 4-38　测量压缩机电流和代换压缩机电容

见图 4-38 右图，使用同容量的新电容代换试机，故障依旧，N 端电流仍约为 65A，从而排除压缩机电容故障，初步判断为压缩机损坏。

2. 测量压缩机线圈阻值

为判断压缩机为线圈短路损坏还是卡缸损坏，断开空调器电源，见图 4-39，使用万用表电阻挡，测量压缩机线圈阻值：实测红线公共端（C）与蓝线运行绕组（R）的阻值为 1.1Ω、红线 C 与黄线起动绕组（S）阻值为 2.3Ω、蓝线 R 与黄线 S 阻值为 3.3Ω，根据 3 次测量结果判断压缩机线圈阻值正常。

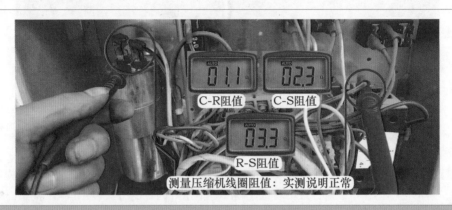

图 4-39　测量压缩机线圈阻值

3. 查看压缩机接线端子

压缩机的接线端子或连接线烧坏，也会引起起动不起来或无供电的故障，因此在确定压缩机损坏前应查看接线端子引线，见图 4-40 左图，本例查看接线端子和引线均良好。

松开室外机二通阀螺母，将制冷系统的 R22 制冷剂全部放空，再次上电试机，压缩机仍起动不起来，依旧是 3s 后室内机停止压缩机和室外风机供电，从而排除系统脏堵故障。

见图 4-40 右图，拔下压缩机线圈的 3 根引线，并将接头包上绝缘胶布，再次上电开机，室外风机一直运行不再停机，但空调器不制冷，也不报 E5 故障代码，从而确定为压缩机卡缸损坏。

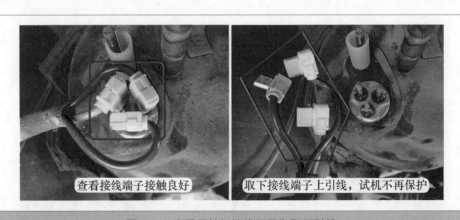

图 4-40　查看压缩机接线端子和取下引线

维修措施：见图4-41，更换压缩机，型号为三菱LH48VBGC。更换后上电开机，压缩机和室外风机运行，顶空加注制冷剂至约0.45MPa后制冷恢复正常，故障排除。

总结：

① 压缩机更换过程比较复杂，因此确定其损坏前应仔细检查是否由电源电压低、电容无容量、接线端子烧坏、系统加注的制冷剂过多等原因引起，在全部排除后才能确定是压缩机线圈短路或卡缸损坏。

② 新压缩机在运输过程中禁止倒立。压缩机出厂前内部充有气体，尽量在安装至室外机时再把吸气管和排气管的密封塞取下，可最大限度地防止润滑油流动。

图4-41 更换压缩机

五、 压缩机线圈漏电

故障说明：格力KFR-23GW挂式空调器，用户反映将电源插头插入电源，断路器立即跳闸。

1. 测量电源插头N与地阻值

上门检查，将空调器电源插头刚插入插座，见图4-42，断路器便跳闸保护，为判断是空调器还是断路器故障，使用万用表电阻挡，测量电源插头N端与地阻值，正常应为无穷大，而实测约为14Ω，确定空调器存在漏电故障。

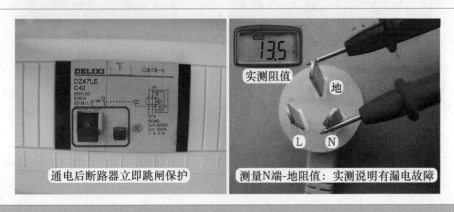

图4-42 断路器跳闸和测量阻值

2. 断开室外机接线端子连接线

空调器常见漏电故障在室外机。为判断是室外机还是室内机故障，见图4-43，在室外机接线端子处取下除地线外的4根连接线，使用万用表电阻挡，1表笔接接线端子上N端、1表笔接地端固定螺钉，实测阻值仍约为14Ω，从而确定故障在室外机。

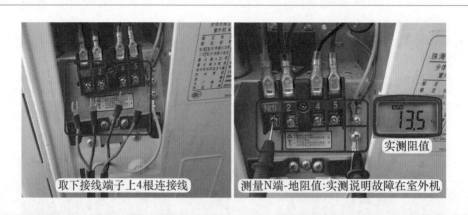

取下接线端子上4根连接线　　测量N端-地阻值：实测说明故障在室外机

实测阻值

图4-43　测量室外机接线端子处N端与地阻值

3. 测量压缩机黑线与地阻值

室外机常见漏电故障在压缩机。见图4-44，拔下压缩机线圈的3根引线共4个插头（N端蓝线与运行绕组蓝线并联），使用万用表电阻挡，测量公共端黑线与地阻值（实接四通阀铜管），正常应为无穷大，而实测仍约为14Ω，说明漏电故障由压缩机引起。

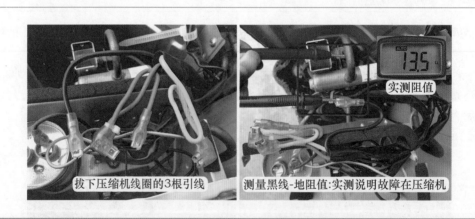

拔下压缩机线圈的3根引线　　测量黑线-地阻值：实测说明故障在压缩机

实测阻值

图4-44　测量压缩机黑线与地阻值

4. 测量压缩机接线端子与地阻值

压缩机引线绝缘层熔化与地短路，也会引起上电跳闸故障。于是取下压缩机接线盖，查看压缩机引线正常，见图4-45，拔下压缩机接线端子上连接线插头，使用万用表电阻挡测量接线端子公共端（C）与地（实接压缩机排气管）阻值，实测仍约为14Ω，从而确定压缩机内部线圈对地短路损坏。

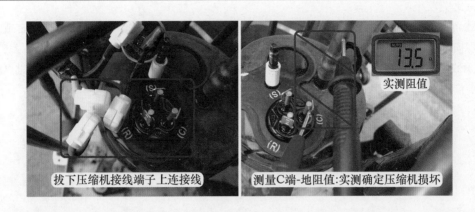

图 4-45 测量压缩机接线端子与地阻值

维修措施：更换压缩机。

无万用表时本例故障检修方法：

如果上门检修时无万用表或万用表损坏无法使用，可使用排除法检修本例故障，见图4-46，简要步骤如下：

① 在室外机接线端子处断开4根连接线，并做好绝缘，再次上电试机，如果断路器不再跳闸，说明故障在室外机。

② 恢复室外机接线端子上的4根连接线，并取下电控盒内压缩机3根引线的4个插头，再次上电试机，如果断路器不再跳闸，说明故障在压缩机。

③ 恢复电控盒内压缩机3根引线的4个插头，并取下压缩机接线端子上3根引线插头，再次上电试机，如果断路器不再跳闸，可确定压缩机损坏。

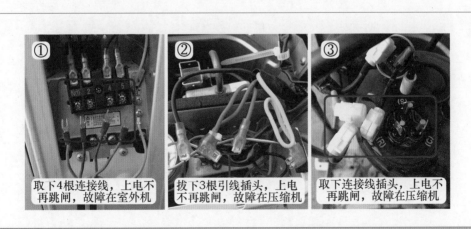

图 4-46 压缩机线圈对地短路检修步骤

总结：

① 空调器上电跳闸或开机后跳闸，如为漏电故障，通常为压缩机线圈对地短路引起。其他如室内外机连接线之间短路或绝缘层脱落、压缩机引线绝缘层熔化与地短路、断路器损坏

等所占比例较小。

② 空调器开机后断路器跳闸故障，假如因电流过大引起，常见原因为压缩机卡缸或压缩机电容损坏。

③ 测量压缩机线圈对地阻值时，室外机的铜管、铁壳均与地线直接相连，实测时可测量待测部位与铜管阻值。

第五章

Chapter **5**

单相供电柜式空调器故障

第一节　电路常见故障

一、管温传感器阻值变大损坏

故障说明：美的 KFR-50LW/DY-GA（E5）柜式空调器，用户反映开机后刚开始制冷正常，但约 3min 后不再制冷，室内机吹自然风。

1. 检查室外风机和测量压缩机电压

上门检查，将遥控器设定制冷模式 16℃开机，空调器开始运行，室内机出风较凉。运行 3min 左右不制冷的常见原因为室外风机不运行、冷凝器温度升高，导致压缩机过载保护所致。

到室外机检查，见图 5-1 左图，将手放在出风口部位感觉室外风机运行正常，手摸冷凝器表面温度不高，下部接近常温，排除室外机通风系统引起的故障。

使用万用表交流电压挡，见图 5-1 右图，测量压缩机和室外风机电压，在室外机运行时均为交流 220V，但约 3min 后电压均变为 0V，同时室外机停机，室内机吹自然风，说明不制冷故障由电控系统引起。

室外风机运行正常　　测量压缩机电压：实测室内机停止供电

图 5-1　感觉室外机出风口和测量压缩机电压

2. 测量传感器电路电压

检查电控系统故障时，应首先检查输入部分的传感器电路，使用万用表直流电压挡，见

图 5-2 左图，黑表笔接 7805 散热片铁壳地，红表笔接室内环温传感器 T1 的 2 根白线插头测量电压，公共端为 5V、分压点为 2.4V，初步判断室内环温传感器正常。

见图 5-2 右图，黑表笔不动依旧接地、红表笔改接室内管温传感器 T2 的 2 根黑线插头测量电压，公共端为 5V、分压点约为 0.4V，说明室内管温传感器电路出现故障。

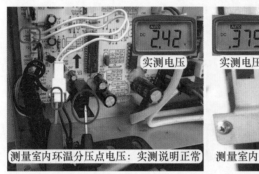

图 5-2　测量分压点电压

3. 测量传感器阻值

分压电路由传感器和主板的分压电阻组成，为判断故障部位，使用万用表电阻挡，见图 5-3，拔下管温传感器插头，测量室内管温传感器阻值约为 $100k\Omega$，测量型号相同、温度接近的室内环温传感器阻值约为 $8.6k\Omega$，说明室内管温传感器阻值变大损坏。

➡ 说明：本机室内环温、室内管温、室外管温传感器型号均为 $25℃/10k\Omega$。

图 5-3　测量传感器阻值

4. 安装配件传感器

由于暂时没有同型号的传感器更换，因此使用市售的维修配件代换，见图 5-4，选择 $10k\Omega$ 的铜头传感器，在安装时由于配件探头比原机传感器小，安装在蒸发器检测孔时感觉很松，即探头和管壁接触不紧固，解决方法是取下检测孔内的卡簧，并按压弯头部位使其弯曲面变大，这样配件探头可以紧贴在蒸发器检测孔。

由于配件传感器引线较短，因此还需要使用原机的传感器引线，见图 5-5，方法是取下原机的传感器，将引线和配件传感器引线相连，使用防水胶布包扎接头，再将引线固定在蒸发器表面。

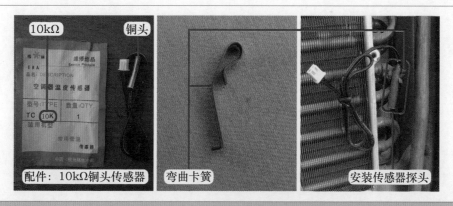

图 5-4　配件传感器和安装传感器探头

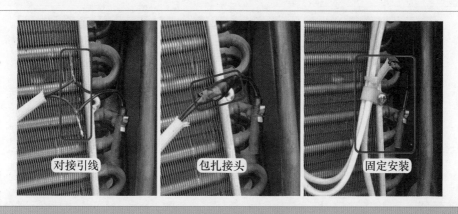

图 5-5　包扎引线和固定安装

　　维修措施：更换管温传感器。更换后在待机状态测量室内管温传感器分压点电压约为直流 2.2V，和室内环温传感器接近，使用遥控器开机，室外风机和压缩机一直运行，空调器也一直制冷，故障排除。

　　本机查看传感器温度的方法：本例示例机型在故障维修时，如果需要检查传感器电路，可以使用本机的"试运行"功能来查看主板 CPU 检测的传感器温度值。

　　见图 5-6，寻找 1 个尖状物体例如牙签等，伸入试运行旁边的小孔中，向里按压内部按键，听到蜂鸣器响一声后，显示屏显示 T1 字符，即开启试运行功能，按压温度调整上键或下键可以循环转换 T1、T2、T3、故障代码等。

　　T1 为室内环温传感器检测的室内房间温度，T2 为室内管温传感器检测的蒸发器温度，T3 为室外管温传感器检测的冷凝器温度。在空调器运行制冷模式时，见图 5-7，查看 T1 为 26℃、T2 为 7℃、T3 为 45℃。

　　利用试运行功能判断传感器是否损坏时，可在待机状态下查看 3 个温度值，T1 和 T2 温度接近，为室内房间温度，T3 为室外温度；如果温度相差较大，则对应的传感器电路出现故障。例如检修本例故障，待机状态时查看 T1 为 25℃、T2 为 −14℃、T3 为 32℃，根据结果可知 T2 室内管温传感器电路出现故障。

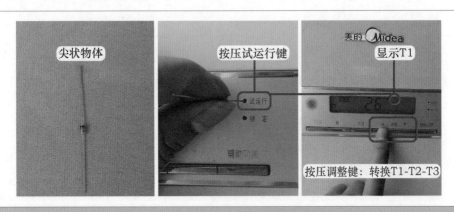

图 5-6　尖状物体按压试运行和转换显示方法

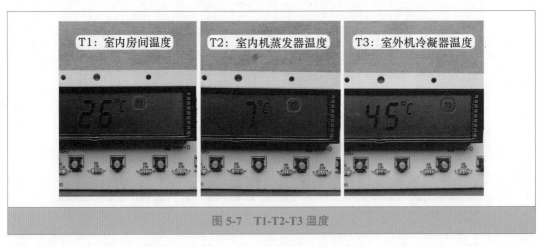

图 5-7　T1-T2-T3 温度

总结：

由于室内管温传感器阻值变大，相当于蒸发器温度很低，室内机主板 CPU 检测后进入制冷防结冰保护，因而 3min 后停止室外风机和压缩机供电。

二、　按键内阻变大损坏

故障说明：美的 KFR-50LW/DY-GA（E5）柜式空调器，用户反映遥控器控制正常，但按键不灵敏，有时候不起作用需要使劲按压，有时候按压时功能控制混乱，见图 5-8，比如按压模式按键时，显示屏左右摆风图标开始闪动，实际上是辅助功能按键在起作用；比如按压风速按键时，显示屏显示锁定图标，再按压其他按键均不起作用，实际上是锁定按键在起作用。

1. 工作原理

功能按键设有 8 个，而 CPU 只有 ㉖ 脚共 1 个引脚检测按键，基本工作原理为分压电路，电路原理图见图 5-9，本机上分压电阻为 R38，按键和串联电阻为下分压电阻，CPU 的 ㉖ 脚根据电压值判断按下按键的功能，从而对整机进行控制。按键状态与 CPU 引脚电压对应关系见表 5-1。

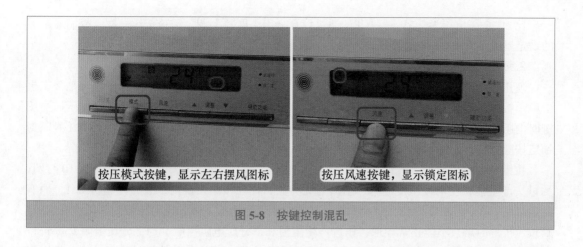

图 5-8 按键控制混乱

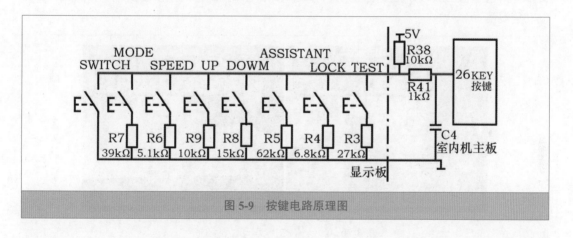

图 5-9 按键电路原理图

表 5-1 按键状态与 CPU 引脚电压对应关系

名称	英文	CPU 电压
开 / 关	SWITCH	0V
模式	MODE	3.96V
风速	SPEED	1.7V
上调	UP	2.5V
下调	DOWN	3V
辅助功能	ASSISTANT	4.3V
锁定	LOCK	2V
试运行	TEST	3.6V

比如 ㉖ 脚电压为 2.5V 时，CPU 通过计算得出温度"上调"键被按压一次，控制显示屏的设定温度上升 1℃，同时与室内环温传感器温度相比较，控制室外机负载工作与否。

2. 测量 KEY 电压和按键阻值

使用万用表直流电压挡，见图 5-10 左图，黑表笔接 7805 散热片铁壳地、红表笔接主板上显示板插座中 KEY（按键）对应的白线测量电压，在未按压按键时约为 5V，按压风速按键时电压在 1.7 ~ 2.2V 上下跳动变化，同时显示板显示锁定图标，说明 CPU 根据电压判断为锁定按键被按下，确定按键电路出现故障。

按键电路常见故障为按键损坏，断开空调器电源，使用万用表电阻挡，见图 5-10 右图，测量按键阻值，在未按压按键时，阻值为无穷大，而在按压按键时，正常阻值为 0Ω，而实测阻值在 100 ~ 630kΩ 变化，且使劲按压按键时阻值会明显下降，说明按键内部触点有锈斑，当按压按键时触点不能正常导通，锈斑产生阻值和下分压电阻串联，与上分压电阻 R38 进行分压，由于阻值增加，分压点电压上升，CPU 根据电压判断为其他按键被按下，因此按键控制功能混乱。

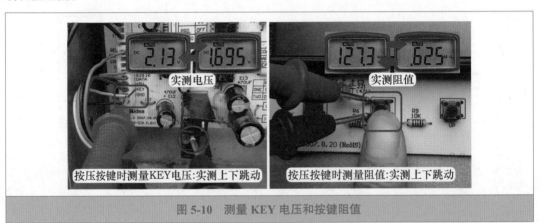

按压按键时测量KEY电压：实测上下跳动　　　按压按键时测量阻值：实测上下跳动

图 5-10　测量 KEY 电压和按键阻值

维修措施：按键内阻变大一般由湿度大引起，而按键电路的 8 个按键处于相同环境下，因此应将按键全部取下，见图 5-11，更换 8 个相同型号的按键。

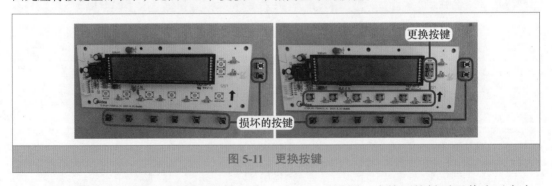

损坏的按键　　　　更换按键

图 5-11　更换按键

更换后使用万用表电阻挡测量按键阻值，见图 5-12 左图，未按压按键时阻值为无穷大，轻轻按压按键时阻值由无穷大变为 0Ω。

再将空调器接通电源，使用万用表直流电压挡，见图 5-12 右图，测量主板去显示板插座 KEY 按键白线电压，未按压按键时为 5V，按压风速按键时电压稳压约为 1.7V，不再上下跳动变化，蜂鸣器响一声后，显示屏风速图标变化，同时室内风机转速也随之变化，说明按键控制正常，故障排除。

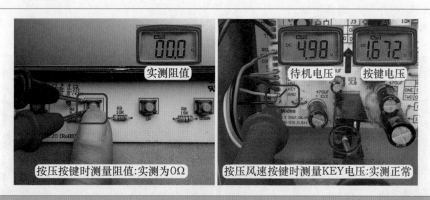

图 5-12　测量按键阻值和电压

三、　光电开关损坏

故障说明：格力 KFR-50LW/（50579）FNAa-A3 柜式直流变频空调器（T 派），用户反映不能开机，显示屏显示 FC 故障代码。

1. 故障现象

上门检查，室内机出风口滑动门处于半关闭（或半打开）的位置，重新将空调器接通电源，室内机主板和显示板上电复位，见图 5-13 左图，滑动门开始向上移动准备处于关闭状态，但约 10s 时停止移动，显示屏显示 FC 故障代码，再使用遥控器开机，室内机和室外机均不能运行。

见图 5-13 右图，查看 FC 故障代码含义为滑动门故障或导风机构故障。根据上电时不能完全关闭，也说明滑动门出现故障。正常上电复位时，滑动门应完全关闭。

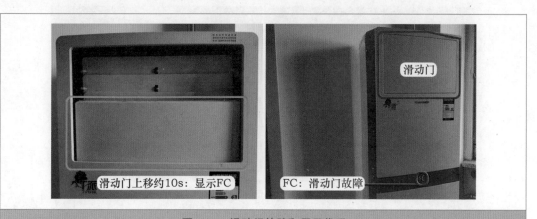

图 5-13　滑动门故障和显示代码

2. 滑动门机构

（1）机构组成

滑动门由机械机构和电路两部分组成。

机械机构见图5-14左图，主要由驱动部分（齿轮、连杆）、滑道、道轨、滑动门等组成。

电路部分的元件见图5-14右图，主要由用于驱动旋转的电机、检测位置的上下光电开关、室内机主板单元电路等组成。

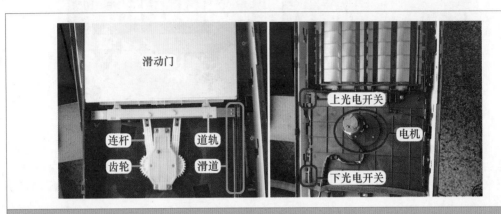

图 5-14　机械机构和电路主要元件

（2）电机线圈供电插头

滑动门机构共有2个插头，见图5-15左图，相对应在室内机主板上共有2个插座，即滑动门电机和光电开关插座。

电机用于驱动滑动门向上或向下移动，见图5-15右图，插头共有3根引线，安装在主板CN1插座，插座标识为SLIPPAGE（滑动门）。其中白线为公共端，接电源零线N端；红线为电机正向旋转，接继电器触点L端供电，滑动门向上移动（UP）；黑线为电机反向旋转，接继电器触点L端供电，滑动门向下移动（DOWN）。

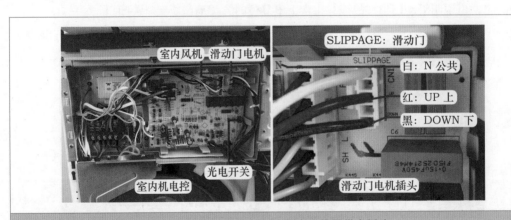

图 5-15　室内机主板插头和电机线圈供电插头

（3）光电开关安装位置

见图5-16，滑道设计有2个，外侧为滑动门道轨滑道，用于道轨上下移动，从而带动滑动门向上关闭或向下打开；内侧为位置检测滑道，在上方和下方各安装1个光电开关。

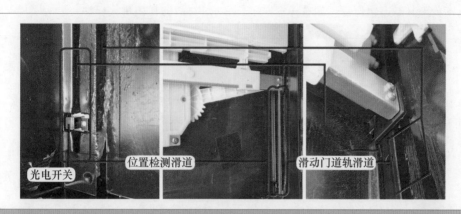

图 5-16　光电开关安装位置和滑道

（4）光电开关实物外形和插头

光电开关设有上和下共 2 个，实物外形见图 5-17 左图，用于检测道轨的位置，其功能近似于触点的接通和断开。

本机将上和下 2 个光电开关合并成 1 个插头，见图 5-17 右图，安装在主板 CN9 插座，共有 4 个引针。2 根绿线连在一起，接 3.3V 供电；2 根红线连在一起，接 5V 供电；黑线 UP 为上光电开关的信号输出，最下方的黑线 DOWN 为下光电开关的信号输出。

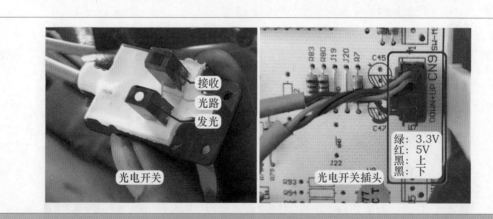

图 5-17　光电开关实物外形和插头

（5）光电开关工作原理

使用万用表直流电压挡，黑表笔接主板直流地、红表笔接黑线测量电压，见图 5-18 左图，在光电开关中间位置无遮挡即光路相通时，黑线实测约为 4.4V 高电平电压，相当于触点开关导通。

见图 5-18 右图，找一个面积合适的纸片，放入光电开关中间位置，纸片遮挡使光路断开，黑线实测约为 0.2V（171mV）低电平电压，相当于触点断开。

当道轨在最上方位置（滑动门完全关闭）和最下方位置（滑动门完全打开）时，道轨连接的黑色塑料支撑板位于光电开关中间位置，光路断开，黑线电压约为 0.2V；当道轨位于其他位置时，光电开关的光路相通，黑线电压约为 4.4V；CPU 根据时间和黑线的高电平或低电平电压，来判断道轨位置，如有异常停机，显示 FC 故障代码进入保护。

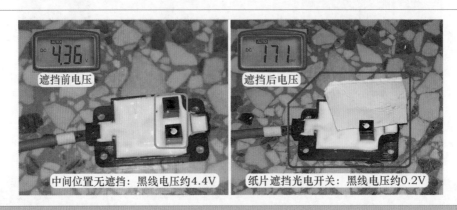

遮挡前电压
遮挡后电压
中间位置无遮挡：黑线电压约4.4V
纸片遮挡光电开关：黑线电压约0.2V

图 5-18 不遮挡和遮挡光电开关时测量黑线电压

3. 测量电机线圈供电

使用万用表交流电压挡，见图 5-19 左图，红表笔接电机线圈插头中公共端白线 N 端、黑表笔接红线（向上）测量电压，将空调器接通电源，实测为 223V，室内机主板已输出滑动门关闭的电压，说明正常。

见图 5-19 右图，红表笔不动依旧接白线、黑表笔改接黑线（向下）测量电压，实测约为 0V，由于电机不可能同时向上或向下移动，说明正常。

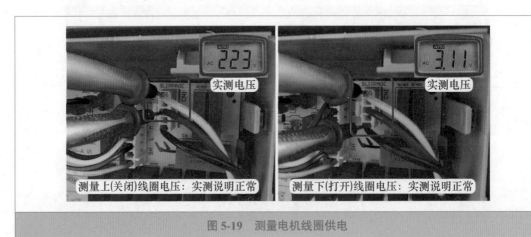

实测电压
实测电压
测量上(关闭)线圈电压：实测说明正常
测量下(打开)线圈电压：实测说明正常

图 5-19 测量电机线圈供电

➡ 说明：由于滑动门向上移动时只有约 10s 的时间，测量电机线圈电压时应先接好表笔再通电测量。

4. 测量电机线圈阻值

在室内机主板上拔下电机线圈插头，使用万用表电阻挡，见图 5-20 左图，红表笔接公共端白线、黑表笔接红线测量阻值，实测约为 6.9kΩ。

见图 5-20 右图，红表笔不动依旧接公共端白线、黑表笔接黑线测量阻值，实测约为 6.9kΩ，根据 2 次测量结果说明电机线圈正常。

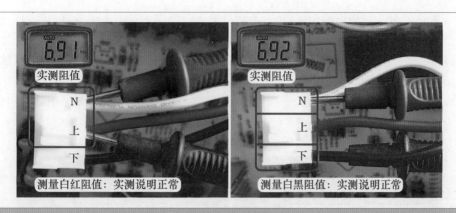

图 5-20 测量电机线圈阻值

5. 强制为电机线圈供电

为判断电机和机械机构是否正常，简单的方法是强制供电。从电机线圈插头中抽出红线，再将插头安装至主板插座（公共端白线接零线 N），见图 5-21 左图，再将红线接主板熔丝管外壳，相当于为红线强制提供相线 L 端电压，电机线圈电压为交流 220V，其正向旋转，滑动门一直向上移动直至完全关闭。

拔下电机线圈插头，将红线安装至插头中间位置，再抽出黑线，并安装插头至主板插座，见图 5-21 右图，再将黑线接熔丝管外壳，电机反向旋转，滑动门一直向下移动直至完全打开，根据 2 次强制供电，滑动门可以完全关闭或打开，判断电机和机械机构正常，故障为光电开关或主板有故障。

➡ 说明：在强制为电机供电时，应注意用电安全，防止触电。

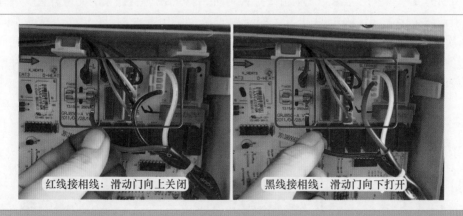

图 5-21 强制为电机线圈供电

6. 测量光电开关插头电压

使用万用表直流电压挡，黑表笔接 7805 稳压块铁壳相当于接地、红表笔接 CN9 光电开关插头引线测量电压，红表笔接绿线实测为 3.3V 说明正常，红表笔接红线实测为 5V 说明正常。

见图 5-22 左图，红表笔接 UP（上）对应的黑线测量电压，滑动门位于中间位置和最下方（打开）位置时，实测均约为 4.4V；滑动门位于最上方（关闭）位置时，实测电压由约 4.4V 变为约 0V（12mV），说明上方的光电开关正常。

见图 5-22 右图，将红表笔接 DOWN（下）对应的黑线（位于插头最下方）测量电压，滑动门位于中间和最上方（关闭）位置时，实测均约为 2.5V；滑动门位于最下方（打开）位置时，实测电压由约 2.5V 变为约 0V（16mV），说明光电开关转换时正常，但滑动门在中间位置时电压约为 2.5V，明显低于正常值的约 4.4V，判断下方的光电开关损坏。

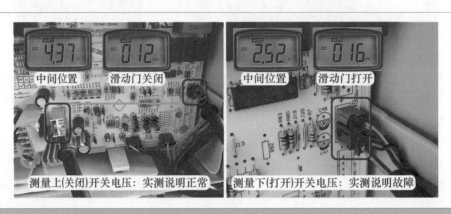

图 5-22　测量光电开关插头电压

7. 更换光电开关

按空调器型号和室内机条码申请同型号光电开关组件，见图 5-23 左图，发过来的配件为上和下共 2 个光电开关，和原机损坏的光电开关实物外形相同。

2 个光电开关 1 个引线长、1 个引线短，见图 5-23 右图，引线长的光电开关安装在上方（检测滑动门关闭），引线短的光电开关安装在下方（检测滑动门打开）。安装完成后理好引线，再次上电试机，复位时滑动门向上移动直至完全关闭，使用遥控器开机，滑动门向下移动直至完全打开，室内风机开始运行，不再显示 FC 故障代码。使用遥控器关机，并断开空调器电源，将前面板组件安装至室内机外壳，再次上电试机，制冷恢复正常。

图 5-23　配件和更换光电开关

维修措施：更换光电开关。

总结：

① 本例下方的光电开关损坏，滑动门位于中间位置时黑线电压较低，CPU 检测后判断滑动门位于最下方位置即打开位置，输出电机向上移动的交流电压，约 10s 后检测仍位于最下方位置，CPU 判断为滑动门机构出现故障，停止电机供电，并显示故障代码为 FC。

② 室内机上电复位时滑动门关闭流程：上下导风板（直流 12V 供电的步进电机驱动）向上旋转收平（一条直线），左右导风板向右侧旋转，约 8s 时滑动门由最下方位置向上移动，约 23s 时移动至最上方位置完全关闭，电机运行 15s 后停止供电。假如 CPU 输出滑动门电机向上移动供电 35s 后，检测上方光电开关黑线仍为高电平 4.4V 电压（正常最多约 15s 应转换为低电平约 0.2V 电压），也判断为滑动门机构有故障，显示 FC 故障代码。

③ 遥控器制冷模式开机后滑动门打开流程：滑动门向下移动直至最下方位置（完全打开），上下导风板向下旋转处于水平状态（或根据遥控器角度设定），左右导风板向左侧旋转处于中间位置，室内风机开始运行，出风口有风吹出，进入正常运行流程。假如 CPU 输出滑动门电机向下移动供电 35s 后，检测下方的光电开关仍为高电平 4.4V 电压（相当于滑动门没有向下移动到位），则停机显示 FC 故障代码。

第二节　室内风机和室外机故障

一、室内风机电容容量变小

故障说明：格力 KFR-70LW/E1 柜式空调器，使用约 8 年，现用户反映制冷效果差，运行一段时间以后显示 E2 故障代码，查看代码含义为蒸发器防冻结保护。

1. 查看三通阀

上门检查，空调器正在使用。到室外机检查，见图 5-24 左图，三通阀严重结霜；取下室外机外壳，发现三通阀至压缩机吸气管全部结霜（包括储液瓶），判断蒸发器温度过低，应到室内机检查。

2. 查看室内风机运行状态

到室内机检查，将手放在出风口，感觉出风温度很低，但风量很小，且吹不远，只在出风口附近能感觉到有风吹出。取下室内机进风格栅，观察过滤网干净，无脏堵现象，用户介绍，过滤网每年清洗，排除过滤网脏堵故障。

室内机出风量小在过滤网干净的前提下，通常为室内风机转速慢或蒸发器背部脏堵所致，见图 5-24 右图，目测室内风机转速较慢，按压显示板上的"风速"按键，在高风 - 中风 - 低风转换时，室内风机转速变化也不明显（应仔细观察由低风转为高风的瞬间转速），判断故障为室内风机转速慢。

3. 测量室内风机公共端红线电流

室内风机转速慢常见原因有电容容量变小或线圈短路，为区分故障，使用万用表交流电流挡，见图 5-25，钳头夹住室内风机红线 N 端（即公共端）测量电流，实测低风挡为 0.51A、中风挡为 0.53A、高风挡为 0.57A，接近正常电流值，排除线圈短路故障。

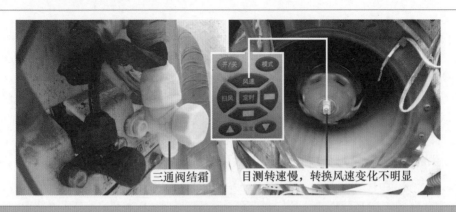

图 5-24   三通阀结霜和查看室内风机运行状态

图 5-25   测量室内风机电流

注：室内风机型号为 LN40D（YDK40-6D），功率 40W、电流 0.65A、6 极电机、配用 4.5μF 电容。

4. 代换室内风机电容和测量电容容量

室内风机转速慢时，运行电流接近正常值，通常为电容容量变小损坏，本机使用 4.5μF 电容，见图 5-26 左图，使用 1 个相同容量的电容代换，代换后上电开机，目测室内风机的转速明显变快，用手在出风口感觉风量很大，吹风距离也增大很多，长时间开机运行不再显示 E2 故障代码，手摸室外机三通阀温度较低，但不再结霜改为结露，确定室内风机电容损坏。

见图 5-26 右图，使用万用表电容挡测量拆下来的电容，标注容量为 4.5μF，而实测容量约为 0.6μF，说明容量变小。

维修措施：更换室内风机电容。

总结：

室内风机电容容量变小，室内风机转速变慢，出风量变小，蒸发器表面冷量不能及时吹出，蒸发器温度越来越低，引起室外机三通阀和储液瓶结霜；显示板 CPU 检测到蒸发器温度过低，停机并报出 E2 故障代码，以防止压缩机液击损坏。

图 5-26　代换室内风机电容和测量电容容量

二、　室内风机电容代换方法

故障说明：海尔 KFR-120LW/L（新外观）柜式空调器，用户反映制冷效果差。

1. 查看风机电容

上门检查，用户正在使用空调器，室外机三通阀处结霜较为严重，测量系统运行压力约 0.4MPa，到室内机查看，室内机出风口为喷雾状，用手感觉出风很凉，但风量较弱；取下室内机进风格栅，查看过滤网干净。

检查室内风机转速时，目测风速较慢，使用遥控器转换风速时，室内风机驱动室内风扇（离心风扇）转换不明显，同时在出风口感觉风量变化不大，说明室内风机转速慢；使用万用表电流挡测量室内风机电流约 1A，排除线圈短路故障，初步判断室内风机电容容量变小，见图 5-27，查看本机使用的电容容量为 8μF。

图 5-27　原机电容

2. 使用 2 个 4μF 电容代换

由于暂时没有同型号的电容更换试机，决定使用 2 个 4μF 电容代换，断开空调器电源，见图 5-28，取下原机电容后，将 1 个配件电容使用螺钉固定在原机电容位置（实际安装在下面），另 1 个固定在变压器下端的螺钉孔（实际安装在上面），将室内风机电容插头插在上面的电容端子处，再将 2 根引线合适位置分别剥开绝缘层并露出铜线，使用烙铁焊在下面电容的 2 个端子处，即将 2 个电容并联使用。

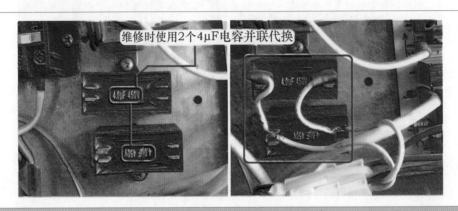

图 5-28　代换电容

焊接完成后上电试机，室内风机转速明显变快，在出风口感觉风量较大，并且吹风距离较远，说明原机电容容量减小损坏，引起室内风机转速变慢故障。

维修措施：使用 2 个 4μF 电容并联代换 1 个原机 8μF 电容。

三、　室内风机线圈短路

故障说明：美的 KFR-50LW/DY-GA（E5）柜式空调器，用户反映前一段时间室内机有煳味和焦味，但能制冷，又使用一段时间后空调器上电无反应，使用遥控器和按键均不能开启空调器。

1. 测量供电电压和变压器一次绕组插座电压

使用万用表交流电压挡，见图 5-29 左图，测量室内机电控盒接线端子上 L-N 即输入电压，实测为 220V，说明电源供电正常。

依旧使用万用表交流电压挡，见图 5-29 右图，测量变压器一次绕组插座电压，实测约为 0V，说明前级供电出现开路故障。

图 5-29　测量供电电压和变压器一次绕组插座电压

2. 测量熔丝管和变压器一次绕组阻值

变压器一次绕组前级供电主要有熔丝管（俗称保险管），断开空调器电源，见图 5-30 左图和中图，使用万用表电阻挡，测量熔丝管阻值，实测为无穷大，说明开路损坏；使用万用表表笔尖拨开表面套管，查看内部熔丝已爆裂，说明负载有短路故障。熔丝管负载主要有变压器、室内风机（离心电机）、室外风机、四通阀线圈等。

见图 5-30 右图，拔下变压器一次绕组插头，使用万用表电阻挡测量阻值，实测为357Ω，说明正常，排除短路故障。

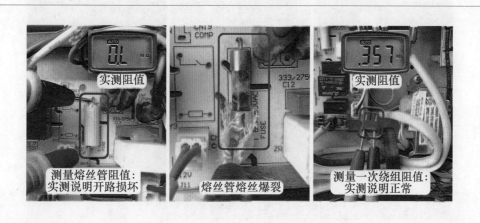

图 5-30 查看熔丝管损坏和测量变压器一次绕组阻值

3. 测量室外风机和四通阀线圈与 N 阻值

见图 5-31 左图，将红表笔接室内机主板黑线即零线 N，黑表笔接室外风机端子白线测量阻值，实测结果为 103Ω，说明室外风机线圈基本正常，排除短路故障。

红表笔接零线 N 不动，见图 5-31 右图，黑表笔接四通阀线圈端子蓝线测量阻值，实测结果为 1.3kΩ，说明四通阀线圈正常，排除短路故障。

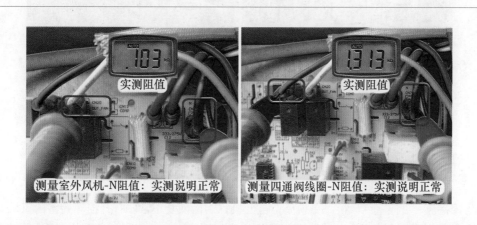

图 5-31 测量室外风机和四通阀线圈与 N 阻值

4. 测量室内风机线圈阻值

见图 5-32，依旧使用万用表电阻挡，测量室内风机公共端 N 黑线和高风抽头灰线阻值，实测约为 9Ω；测量黑线和低风抽头红线阻值，实测约为 43Ω，而正常阻值应均为 200Ω，根据用户反应故障前室内机有焦糊味，判断室内风机线圈出现短路故障。

为准确判断，拔下室内风机插头，单独测量黑线和灰线阻值，实测仍约为 9Ω，确定室内风机线圈出现短路故障。

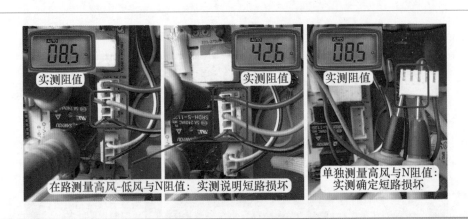

图 5-32　测量室内风机线圈阻值

5. 更换熔丝管上电试机

见图 5-33，取下损坏的熔丝管，并更换为同型号 5A 的熔丝管，恢复主板引线，但断开室内风机插头不再安装，上电试机，遥控器开机后室外机开始运行，手摸连接管道开始制冷，说明空调器基本正常，只有室内风机损坏。

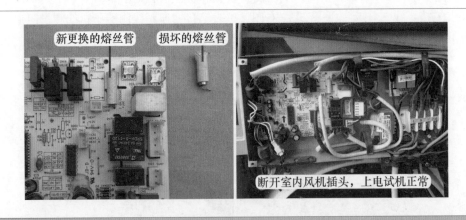

图 5-33　更换熔丝管和断开室内风机插头试机

维修措施：更换室内风机，更换后上电开机，制冷恢复正常。打开损坏的室内风机外壳，查看定子上线圈时，见图 5-34，发现运行绕组中线圈已经烧坏发黑，可看出线圈绝缘纸已熔化，也确定室内风机线圈短路损坏。

拆开室内风机，查看线圈已烧坏短路

图 5-34　室内风机线圈短路

四、　加长连接线接头烧断

故障说明：格力 KFR-72LW/NhBa-3 柜式空调器，用户反映刚安装时制冷正常，使用一段时间以后，接通电源即显示 E1 故障代码，同时不能开机。E1 故障代码含义为制冷系统高压保护。

1. 测量室内机黄线电压和黄线 -N 阻值

为区分故障范围，在室内机接线端子处使用万用表交流电压挡，见图 5-35 左图，红表笔接 L 端子相线、黑表笔接方形对接插头中高压保护黄线测量电压，正常为 220V，实测为 0V，说明室内机正常，故障在室外机。

断开空调器电源，使用万用表电阻挡，见图 5-35 右图，测量 N 端零线和黄线阻值，由于 3P 单相柜式空调器中室外机只有高压压力开关，正常应为 0Ω，而实测为无穷大，也说明故障在室外机。

2. 测量室外机黄线 -N 阻值和黄线电压

到室外机检查，在接线端子处使用万用表电阻挡，见图 5-36 左图，红表笔接 N（1）端子零线、黑表笔接方形对接插头中高压保护黄线测量阻值，实测为 0Ω，说明高压压力开关正常。

实测电压　实测阻值

测量黄线电压:实测说明故障在室外机　测量黄线-N阻值:实测说明故障在室外机

图 5-35　测量室内机黄线电压和黄线 -N 阻值

再将空调器接通电源，使用万用表交流电压挡，见图5-36右图，红表笔改接2号端子相线、黑表笔接黄线，实测电压仍为0V，根据结果也说明故障在室外机。

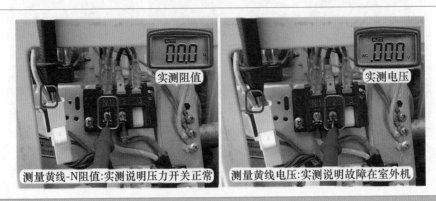

图 5-36　测量室外机黄线 -N 阻值和黄线电压

3. 测量室外机和室内机接线端子电压

由于室外机只设有高压压力开关且测量阻值正常，而输出电压（黄线-2相线）为交流0V，应测量压力开关输入电压即接线端子上N（1）零线和2相线电压，使用万用表交流电压挡，见图5-37左图，实测为0V，说明室外机没有电源电压输入。

室外机N（1）和2端子由连接线与室内机N（1）和2端子相连，见图5-37右图，测量室内机N（1）和2端子电压，实测为交流221V，说明室内机已输出电压，应检查电源连接线。

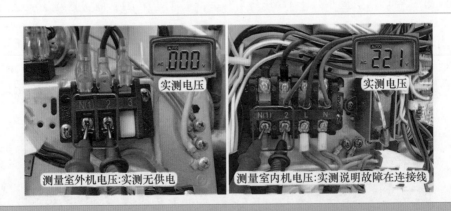

图 5-37　测量室外机和室内机接线端子电压

4. 检查加长连接线接头

本机室内机和室外机距离较远，加长约3m管道，同时也加长了连接线，检查加长连接线接头时，发现连接管道有烧黑的痕迹，见图5-38左图，判断加长连接线接头烧断。

见图5-38右图，断开空调器电源，剥开包扎带，发现3芯连接线中L和N线接头烧断，地线正常。

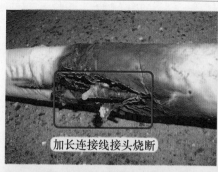
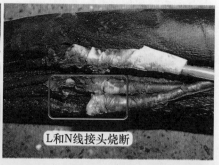

加长连接线接头烧断　　　　　L和N线接头烧断

图 5-38　检查加长连接线接头

5. 连接加长线接头

见图 5-39，剪掉烧断的接头，将 3 根引线 L、N、地的接头分段连接，尤其是 L 和 N 的接头更要分开，并使用防水胶布包好，再次上电试机，开机后室内机和室外机均开始运行，不再显示 E1 故障代码，制冷恢复正常。

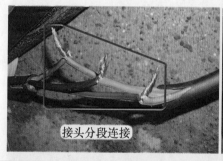

接头分段连接　　　　　使用防水胶布包好接头

图 5-39　分段连接和包扎接头

维修措施：重接分段连接加长线中电源线 L、N、地接头。

总结：

由于单相 3P 柜式空调器运行电流较大约 12A，接头发热量较大，而原机 L、N、地接头处于同一位置，空调器运行一段时间后，L 和 N 接头的绝缘烧坏，L 线和 N 线短路，造成接头处烧断，而高压保护电路 OVC 黄线由室外机 N 端供电，所以高压保护电路中断，从而引发本例故障。

五、　交流接触器损坏

故障说明：格力 KFR-72LW/E1（72568L1）A1Z-N1 柜式空调器，用户反映不制冷。

1. 感觉出风口温度和测量电流

上门检查，使用遥控器开机，室内风机运行，见图 5-40 左图，将手放在出风口，感觉为自然风，说明不制冷。

到室外机检查，手摸二通阀细管和三通阀粗管均为常温，查看室外风机运行但压缩机不运行，使用万用表交流电流挡，见图 5-40 右图，钳头夹住接线端子上 1 号 N 端的零线蓝线测量室外机电流，实测约为 0.7A，也说明只有室外风机运行，压缩机不运行。

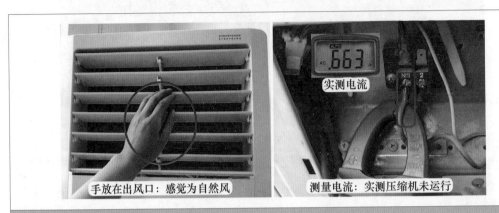

图 5-40　感觉出风口温度和测量电流

2. 测量压缩机和室外风机电压

使用万用表交流电压挡，见图 5-41 左图，黑表笔接接线端子上 1 号 N 端零线、红表笔接压缩机黑线（以对接插头上方连接线颜色为准，黑线的对接插头下方对应紫线）测量电压，实测 218V 为正常，说明室内机主板已输出压缩机供电电压。

黑表笔接接线端子上 1 号 N 端零线不动、红表笔改接室外风机橙线（对接插头下方为黑线）测量电压，见图 5-41 右图，实测 218V 为正常，说明室内机主板已输出室外风机供电电压。

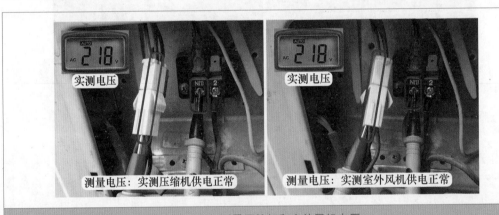

图 5-41　测量压缩机和室外风机电压

3. 交流接触器端子和实际接线

本机为单相供电的 3P 空调器，压缩机运行电流较大，室外机使用了交流接触器为其提供和断开电源，实物外形见图 5-42 左图，和继电器相同，共设有 4 个端子，分为 2 个触点端子和 2 个线圈端子，T1 和 T2 为触点端，A1 和 A2 为线圈端。

交流接触器实际接线见图 5-42 右图。T1 为触点输入端，接接线端子上 2 号端子电源 L 端棕线；T2 为触点输出端，接压缩机线圈公共端红线；A1 为线圈端，通过对接插头中黑线接室内机主板的压缩机端子；A2 为线圈端，接电源零线的蓝线。

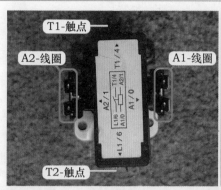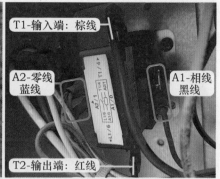

图 5-42　交流接触器端子和实际接线

4. 测量交流接触器电压

使用万用表交流电压挡，见图 5-43 左图，黑表笔接线圈端上零线蓝线、红表笔接触点输出端红线测量电压，实测约为 5V，说明交流接触器未输出供电电压。

黑表笔不动依旧接线圈零线蓝线、红表笔接线圈相线黑线测量电压，见图 5-43 中图，实测为 218V，说明室内机主板输出的压缩机供电电压已送至交流接触器线圈端。

将红表笔接触点输入端棕线、黑表笔接输出端红线测量电压，见图 5-43 右图，触点导通时电压应为 0V，实测为 218V，说明触点未导通，根据线圈电压正常，判断交流接触器损坏。

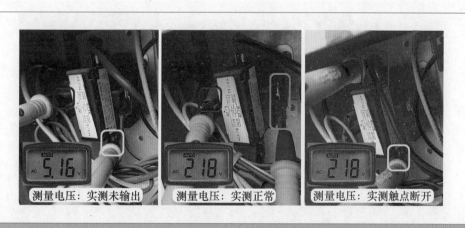

图 5-43　测量交流接触器电压

5. 配件交流接触器

原机使用桂林机床生产、型号为 CJX9B-25S/D 的单触点交流接触器，见图 5-42 左图，主要参数是线圈工作电压为交流 240V、额定电流为 25A。维修时由于暂时配不到同型号的交流接触器，使用正泰公司生产、型号为 NCK3-25/2 的双触点交流接触器进行代换，实物外形见图 5-44 左图，主要参数是线圈工作电压为交流 220V、额定电流为 25A，其共有 6 个端子，分为 4 个触点端子和 2 个线圈端子，L1 和 T1 为 1 路触点，L2 和 T2 为 1 路触点，A1 和 A2 为线圈端子，接线时触点和线圈的端子均不分正反。

图 5-44 右图所示为 NCK3-25/2 交流接触器是 2 路触点（双触点）设计。

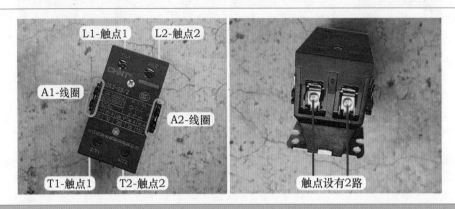

图 5-44　配件交流接触器

6. 安装交流接触器

断开空调器电源，见图 5-45，将输入端电源棕线安装至 L1 端子、将输出端的压缩机红线安装至 T1 端子、将零线蓝线安装至 A1 端子（同时还有室外风机使用的零线）、将相线黑线安装至 A2 端子，L2 和 T2 端子空闲不使用，连接线安装完成后再使用螺钉将交流接触器固定在原位置。

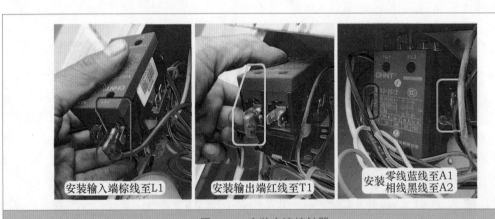

图 5-45　安装交流接触器

维修措施：见图 5-46 左图，使用双触点交流接触器代换单触点交流接触器。代换完成后再次将空调器上电试机，见图 5-46 右图，使用万用表交流电压挡，红表笔接零线蓝线 N 端、黑表笔接输出端红线测量电压，实测 218V 说明交流接触器已输出供电电压，同时室外风机和压缩机均开始运行，室内机出风口吹出较凉的冷风，使用万用表交流电流挡，钳头夹住室外机接线端子的 1 号 N 端零线蓝线测量室外机电流，实测约为 11A，根据实测电流也说明压缩机正在运行，故障排除。

图 5-46 更换交流接触器和测量电压

总结：

① 一般 2P 柜式空调器室内机主板使用大功率的继电器直接为压缩机供电，3P 空调器（无论单相或三相供电）室外机均使用交流接触器为压缩机供电。

② 压缩机由于工作时运行电流较大，触点容易发热，交流接触器也容易损坏。如果为机房使用的空调器，则损坏的概率更大。

③ 早期空调器通常使用双触点交流接触器，且 2 路触点并联，额定电流增大 1 倍，则故障率相对较低。

④ 单触点交流接触器损坏时，可使用双触点或 3 触点的交流接触器进行代换，只要符合线圈供电为交流 220V、触点额定电流为 25A 即可。

⑤ 使用双触点或 3 触点交流接触器进行代换时，输入端和输出端应使用同一路触点，即 L1 和 T1 或者 L2 和 T2，如果安装错误，如输入端棕线安装在 L1、输出端红线安装在 T2，则棕线电源电压不能输出至公共端红线，压缩机仍不能运行。

第六章

Chapter **6**

三相供电柜式空调器故障

第一节　常见故障

一、 交流接触器线圈开路

故障说明：美的 KFR-120LW/K2SDY 柜式空调器，用户反映不制冷，室内机吹自然风。

1. 测量室内机主板电压和查看室外机

上门检查，使用遥控器开机，电源和运行灯点亮，室内风机开始运行，用手在出风口感觉为自然风，没有凉风吹出。

取下室内机电控盒盖板，使用万用表交流电压挡，见图 6-1 左图，黑表笔接室内机接线端子上 N 端、红表笔接主板 comp 端子红线测量压缩机电压，实测为 220V；黑表笔接 N 端不动、红表笔接主板 out fan 端子白线测量室外风机电压，实测为 220V，说明室内机主板已输出供电，故障在室外机。

到室外机查看，见图 6-1 右图，发现室外风机运行，但压缩机不运行，说明不制冷故障由压缩机未运行引起。

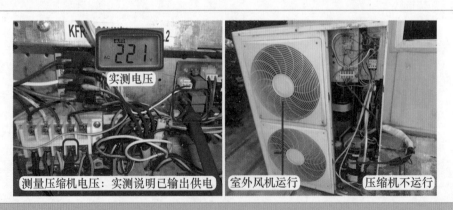

图 6-1　测量压缩机电压和查看室外机

2. 按压交流接触器按钮

见图 6-2，查看为压缩机供电的交流接触器（简称交接），发现按钮未吸合，说明触点未吸合；用手按压交流接触器按钮，强制使触点吸合，压缩机开始运行，手摸排气管迅速变热、吸气管迅速变凉，说明供电相序和压缩机均正常，故障在交流接触器电路。

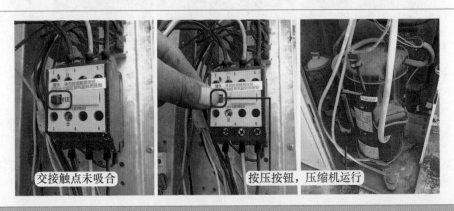

图 6-2　按压交流接触器按钮

3. 测量交流接触器线圈电压

依旧使用万用表交流电压挡，见图 6-3 左图，黑表笔接室外机接线端子上 N 端、红表笔接对接插头中红线测量压缩机电压，实测为 220V，说明室内机主板输出的供电已送至室外机。

见图 6-3 右图，将万用表表笔直接测量交流接触器线圈引线即红线和黑线，实测为 220V，说明室内机主板输出的供电已送至交流接触器线圈，初步判断故障为交流接触器线圈开路损坏。

图 6-3　测量交流接触器线圈电压

4. 测量交流接触器线圈阻值

断开空调器电源，使用万用表电阻挡，直接测量交流接触器线圈阻值，正常约 300Ω，实测为无穷大，为准确判断，取下交流接触器线圈引线、输入和输出触点引线、固定螺钉后取下交流接触器，见图 6-4 左图，使用万用表电阻挡测量线圈阻值，实测仍为无穷大，确定交流接触器线圈开路损坏。

维修措施：见图 6-4 中图和右图，使用备件更换交流接触器，恢复连接线后上电试机，交流接触器按钮吸合，说明交流接触器触点吸合，压缩机和室外风机均开始运行，同时空调器开始制冷，故障排除。

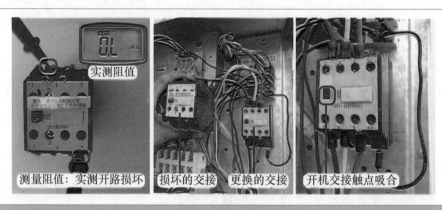

图 6-4　测量线圈阻值和更换交流接触器

二、　格力空调器显示板损坏

故障说明：格力 KFR-120LW/E（1253L）V-SN5 柜式空调器，用户反映开机后不制冷，室内机吹自然风。

1. 查看交流接触器和测量压缩机电压

上门检查，重新上电开机，室内机吹自然风。到室外机检查，发现室外风机运行，但听不到压缩机运行的声音，手摸室外机二通阀和三通阀均为常温，判断压缩机未运行。

取下室外机前盖，见图 6-5 左图，查看交流接触器的强制按钮未吸合，说明线圈控制电路有故障。

使用万用表交流电压挡，见图 6-5 右图，黑表笔接室外机接线端子上零线 N 端、红表笔接方形对接插头中的压缩机黑线测量电压，实测约为 0V，说明室外机正常，故障在室内机。

图 6-5　查看交流接触器和测量压缩机电压

2. 测量室内机主板压缩机端子和引线电压

到室内机检查，使用万用表交流电压挡，见图 6-6 左图，黑表笔接室内机主板零线 N 端、红表笔接 COMP 端子压缩机黑线，正常电压为 220V，而实测约为 0V，说明室内机主板未输出电压，故障在室内机主板或显示板。

为区分故障，使用万用表直流电压挡，见图 6-6 右图，黑表笔接室内机主板和显示板连接线插座的 GND 引线、红表笔接 COMP 引线，实测电压为直流 0V，说明显示板未输出高电平电压，判断为显示板损坏。

图 6-6 测量压缩机电压

维修措施：更换显示板。更换后上电试机，按压"开 / 关"按键，室内机和室外机均开始运行，制冷恢复正常，故障排除。

总结：

在室内机主板上，压缩机、四通阀线圈、室外风机、同步电机、室内风机继电器驱动的单元电路工作原理完全相同，均为显示板 CPU 输出高电平，经连接线送至室内机主板，经限流电阻限流，送至 2003 反相驱动器的输入端、2003 反相放大在输出端输出，驱动继电器触点闭合，继电器相对应的负载开始工作。本处需要说明的是，当负载不能工作时，根据测量的电压部位，区分出是室内机主板故障还是显示板故障。

（1）四通阀线圈无供电

四通阀线圈、同步电机、室内风机的高风 - 中风 - 低风均为 1 个继电器驱动 1 个负载，检修原理相同。以四通阀线圈为例。

假如四通阀线圈无供电，见图 6-7 左图，首先使用万用表交流电压挡，一表笔接室内机主板 N 端、一表笔接 4V 端子紫线测量电压，如果实测为 220V，则说明室内机主板和显示板均正常，故障在室外机；如果实测为 0V，则说明故障在室内机，可能为室内机主板或显示板故障。

为区分是室内机主板还是显示板故障时，见图 6-7 右图，应使用万用表直流电压挡，黑表笔接连接插座中 GND 引线、红表笔接 4V 引线，如果实测为直流 5V，说明显示板正常，应更换室内机主板；如果为直流 0V，说明是显示板故障，应更换显示板。

（2）室外风机不运行故障

室外风机的继电器驱动电路工作原理和压缩机继电器驱动电路相同，但在输出方式上有细微差别。室内机主板上设有室外风机高风和低风共 2 个输出端子，而实际上室外风机只有 1 个转速，见图 6-8 左图，室内机主板上高风和低风输出端子使用 1 根引线直接相连，这样无论室内机主板是输出高风电压还是低风电压，室外风机均能运行。

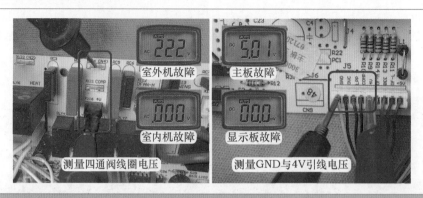

图 6-7　测量四通阀线圈电压

当室外风机不运行时，使用万用表交流电压挡，见图 6-8 右图，一表笔接主板 N 端、一表笔接 OFAN-H 高风端子橙线，如果实测电压为 220V，说明室内机主板已输出电压，故障在室外机；如果实测电压为 0V，说明故障在室内机，可能为室内机主板或显示板损坏。

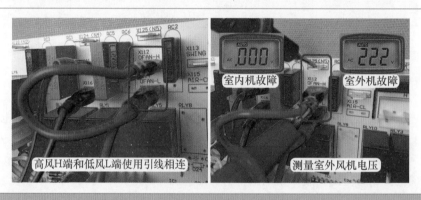

图 6-8　测量室外风机端子交流电压

为区分故障是在室内机主板还是在显示板时，见图 6-9，应使用万用表直流电压挡，黑表笔接连接插座中的 GND 引线、红表笔分 2 次接 OF-H、OF-L 引线测量电压。如果实测时 2 次测量中有 1 次为直流 5V，说明显示板正常，故障在室内机主板；如果实测时 2 次测量均为直流 0V，说明显示板未输出高电平，故障在显示板。

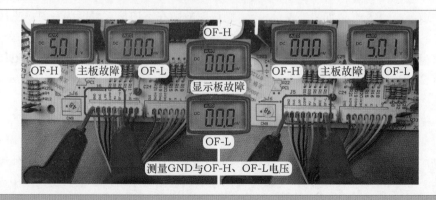

图 6-9　测量室外风机驱动引线直流电压

三、 美的空调器室外机主板损坏

故障说明：美的 KFR-120LW/K2SDY 柜式空调器，用户反映上电后室内机 3 个指示灯同时闪，不能使用遥控器或显示板上按键开机。

1. 测量室外机保护电压

上门检查，将空调器接通电源，显示板上 3 个指示灯开始同时闪烁，使用遥控器和按键均不能开机，3 个指示灯同时闪烁的代码含义为"室外机故障"，经询问用户得知最近没有装修即没有更改过电源相序。

取下室内机进风格栅和电控盒盖板，使用万用表交流电压挡，见图 6-10 左图，红表笔接接线端子上 A 端相线、黑表笔接对接插头中室外机保护黄线测量电压，正常应为 220V，实测约为 0V，说明故障在室外机或室内外机连接线。

到室外机检查，依旧使用万用表交流电压挡，见图 6-10 右图，红表笔接接线端子上 A 端相线、黑表笔接对接插头中黄线测量电压，实测约为 0V，说明故障在室外机，排除室内外机连接线故障。

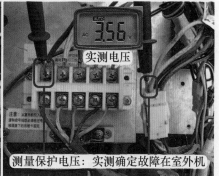

图 6-10　测量保护黄线电压

2. 测量室外机主板电压和按压交流接触器按钮

见图 6-11 左图，接接线端子相线的红表笔不动、黑表笔改接室外机主板上黄线测量电压，实测约为 0V，说明故障在室外机主板。

判断室外机主板损坏前，应测量其输入部分是否正常，即电源电压、电源相序、供电直流 5V 等。判断电源电压和电源相序是否正常的简单方法是按压交流接触器（简称交接）按钮，强制使触点闭合为压缩机供电，再聆听压缩机声音：无声音，检查电源电压；声音沉闷，检查电源相序；声音正常，说明供电正常。

见图 6-11 中图和右图，本例按压交流接触器按钮时压缩机运行声音清脆，手摸排气管感觉迅速变热、吸气管迅速变凉，说明压缩机运行正常，排除电源供电故障。

3. 测量 5V 电压与短接输入和输出引线

使用万用表直流电压挡，见图 6-12 左图，黑表笔接插头中黑线、红表笔接白线测量电压，实测为直流 5V，说明室内机主板输出的 5V 电压已供至室外机主板，查看室外机主板上指示灯也已点亮，说明 CPU 已工作，故障为室外机主板损坏。

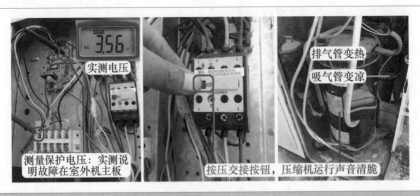

图 6-11　测量主板保护黄线电压和按压交流接触器按钮

　　为判断空调器是否还有其他故障，断开空调器电源，见图 6-12 右图，拔下室外机主板上输入黑线、输出黄线插头，并将 2 个插头直接连在一起，再次将空调器接通电源，室内机 3 个指示灯不再同时闪烁，为正常熄灭处于待机状态，使用遥控器开机，室内风机和室外机均开始运行，同时开始制冷，说明空调器只有室外机主板损坏。

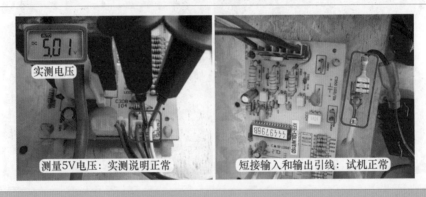

图 6-12　测量 5V 电压与短接室外机主板输入和输出引线

　　维修措施：见图 6-13，由于暂时没有相同型号的新主板更换，使用型号相同的配件代换，上电试机空调器制冷正常。使用万用表交流电压挡，测量室外机接线端子相线 A 端和对接插头黄线电压，实测为 220V，说明故障已排除。

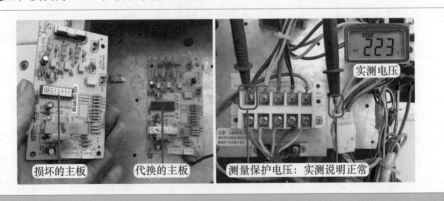

图 6-13　更换主板和测量保护电压

四、 压缩机卡缸

故障说明：格力 KFR-120LW/E（1253L）V-SN5 柜式空调器，用户反映不制冷，开机后整机马上停机，显示 E1 故障代码（制冷系统高压保护），关机后再开机，室内风机运行，但 3min 后整机再次停机，并显示 E1 故障代码。

1. 检修过程

本例空调器上电时正常，但开机后立即显示 E1 故障代码，判断是由于压缩机过电流引起，应首先检查室外机。

到室外机查看，让用户断开空调器电源后，并再次上电开机，在开机瞬间细听压缩机发出"嗡嗡"声，但起动不起来，约 3s 后听到电流检测板继电器触点响一声（断开），再待约 3s 后室内机主板停止压缩机交流接触器线圈和室外风机供电，同时整机停机并显示 E1 故障代码，待约 30s 后能听到电流检测板上继电器触点再次响一声（闭合）。

根据现象说明故障为压缩机起动不起来（卡缸），使用万用表交流电压挡，测量室外机接线端子上 L1-L2、L1-L3、L2-L3 电压均为交流 380V，L1-N、L2-N、L3-N 电压均为交流 220V，说明三相供电电压正常。

使用万用表电阻挡，测量交流接触器下方输出端的压缩机 3 根引线之间阻值，实测棕线 - 黑线为 3Ω、棕线 - 紫线为 3Ω、黑线 - 紫线为 2.9Ω，说明压缩机线圈阻值正常。

2. 测量压缩机电流

断开空调器电源并再次开机，同时使用万用表交流电流挡，见图 6-14，快速测量压缩机的 3 根引线电流，实测棕线电流约 56A、黑线电流约 56A、紫线电流约 56A，3 次电流相等，判断交流接触器触点正常，上方输入端触点的三相 380V 电压已供至压缩机线圈，判断为压缩机卡缸损坏。

图 6-14 测量压缩机电流

3. 取下压缩机引线和测量黄线电压

为判断故障，见图 6-15，取下交流接触器下方输出端的压缩机引线，即断开压缩机线圈，再次开机，3min 延时过后，交流接触器触点吸合、室外风机和室内风机均开始运行，同时不再显示 E1 故障代码，使用万用表交流电压挡，测量方形对接插头中 OVC 黄线与 L1 端子电压一直为交流 220V，从而确定为压缩机损坏。

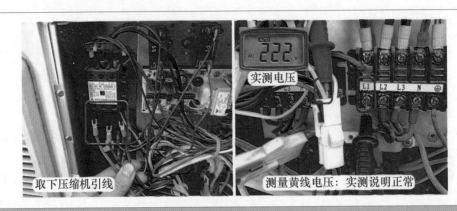

图 6-15　取下压缩机引线和测量黄线电压

维修措施：见图 6-16，更换压缩机。本机压缩机型号为三洋 C-SBX180H38A，安装后顶空加氟至 0.45MPa，制冷恢复正常，故障排除。

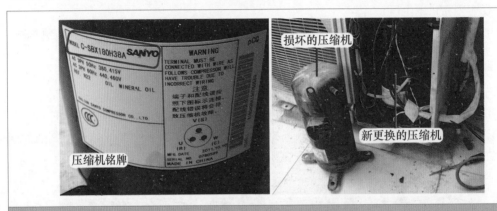

图 6-16　更换压缩机

总结：

① 压缩机卡缸和三相供电断相表现的故障现象基本相同，开机的同时交流接触器触点吸合，因引线电流过大，电流检测板继电器触点断开，整机停机并显示 E1 故障代码。

② 因压缩机卡缸时电流过大，其内部过载保护器将很快断开保护，并且恢复时间过慢，如果再次开机，将会引起室外风机运行、交流接触器触点吸合但压缩机不运行的假性故障，在维修时需要区分对待。区分的方法是手摸压缩机外壳，如果很烫，为卡缸；如果常温，为线圈开路。

第二节　相序故障

一、三相断相

故障说明：格力 KFR-120LW/E（1253L）V-SN5 柜式空调器，用户反映不制冷，开机后整机马上停机，显示 E1 故障代码，关机后再开机，室内风机运行，但 3min 后整机再次停机，并显示 E1 故障代码。

1. 测量高压保护黄线电压

使用万用表交流电压挡，见图 6-17，红表笔接室内机主板 L 端子棕线、黑表笔接 OVC 端子黄线，测量待机电压约为 220V，说明高压保护电路室外机部分正常。

按压显示板"开 / 关"键开机，CPU 控制室内风机、室外风机、压缩机运行，但 L 与 OVC 电压立即变为约 0V，约 3s 后整机停机并显示 E1 故障代码，待约 30s 后 L 与 OVC 电压又恢复成正常值 220V，根据开机后 L 与 OVC 电压变为交流 0V，判断室外机出现故障。

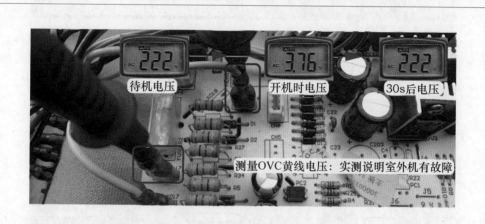

图 6-17　测量高压保护黄线电压

2. 测量电流检测板输出端子电压

到室外机查看，让用户断开空调器电源，约 1min 后再次上电开机，见图 6-18 左图，在开机瞬间细听压缩机发出"嗡嗡"声，但起动不起来，约 3s 后听到电流检测板继电器触点响一声（断开），约 3s 后室内机主板停止压缩机交流接触器线圈和室外风机供电，同时整机停机并显示 E1 故障代码，约 30s 后能听到电流检测板上继电器触点再次响一声（闭合）。

使用万用表交流电压挡，见图 6-18 右图，黑表笔接电源接线端子 L1 端（实接电流检测板上 L 棕线）、红表笔接电流检测板继电器的输出蓝线（连接高压压力开关），实测待机电压约为交流 220V，在压缩机起动时约 3s 后继电器触点响一声后（断开）变为约交流 0V，再待约 3s 后室内机主板停止交流接触器线圈供电，即断开压缩机供电，待约 30s 继电器触点响一声后（闭合），电压恢复至交流 220V。从实测电压说明由于压缩机起动时电流过大，使得电流检测板继电器触点断开，高压保护电路断开，室内机显示 E1 故障代码，判断为压缩机或三相电源供电故障。

3. 测量压缩机线圈阻值

待机状态交流接触器触点断开，相当于断开供电，输出端触点电压为交流 0V，此时即使室外机接线端子三相供电正常，使用万用表电阻挡，测量交流接触器下方输出端触点的压缩机引线阻值，也不会损坏万用表。

见图 6-19，实测棕线 - 黑线阻值为 2.2Ω、棕线 - 紫线阻值为 2.2Ω、黑线 - 紫线阻值为 2.3Ω，3 次测量阻值相等，判断压缩机线圈正常。

图 6-18　测量电流检测板输出端子电压

图 6-19　测量交流接触器输出端引线阻值

4. 测量电源接线端子电压

因三相供电不正常也会引起压缩机起动不起来，使用万用表交流电压挡，测量三相供电电压；又因电源接线端子上三相供电直接连接到交流接触器上方输入端触点，测量交流接触器上方输入端触点引线电压相当于测量电源接线端子的 L1-L2-L3 端子电压。

见图 6-20，测量棕线（接 L1）- 黑线（接 L2）电压为交流 382V、棕线 - 紫线（接 L3）电压为交流 293V、黑线 - 紫线电压为交流 115V，说明三相供电电源不正常，紫线（L3）端子出现故障。

依旧使用万用表交流电压挡，测量三相供电端子与 N 端电压，见图 6-21，实测 L1-N 端子电压为交流 221V、L2-N 端子电压为交流 219V、L3-N 端子电压为交流 179V，根据测量结果也说明 L3 端子对应紫线有故障。

5. 测量压缩机电流

使用螺丝刀头按压交流接触器的强制按钮，强制为压缩机供电，同时使用万用表交流电流挡，见图 6-22，依次测量压缩机的 3 根引线电流，实测棕线电流约 43A、黑线电流约 43A、紫线电流为 0A。综合测量三相电压结果，判断压缩机起动不起来，是由于紫线即 L3 端子断相导致。

图 6-20　测量交流接触器上方引线电压

图 6-21　测量 L1-L2-L3 端子和 N 端电压

➡ 说明：压缩机起动不起来时因电流过大，如长时间强制供电，容易使压缩机内部过载保护器断开，断开后压缩机 3 根引线阻值均为无穷大，且恢复等待的时间较长，因此测量电流时速度要快。在强制供电的同时，能听到电流检测板继电器触点吸合或断开的声音，此为正常现象。

图 6-22　测量压缩机电流

维修措施：检查空调器的三相供电电源，在断路器处发现对应于 L3 端子的引线螺钉未拧紧（即虚接），经拧紧后在室外机电源接线端子处测量 L1-L2-L3 端子电压，3 次测量均为交流 380V，判断供电正常，再次上电开机，压缩机起动运行，制冷恢复正常。

总结：

① 本例断路器处相线虚接，相当于接触不良，L3 端子与 L1、L2 端子电压变低（不为交流 0V），相序保护器检测后判断供电正常，其触点吸合，但室内机主板控制交流接触器触点吸合为压缩机线圈供电时，由于 L3 端断相，压缩机起动不起来时电流过大，电流检测板继电器触点断开，CPU 检测后控制整机停机并显示 E1 故障代码。

② 如果断路器处 L3 端子未连接，L3 与 L1、L2 端子电压为交流 0V，相序保护器检测后判断为断相，其触点断开，引起开机后室外风机运行、压缩机不运行、空调器不制冷的故障，但不报 E1 故障代码。

二、 调整三相供电相序

故障说明：格力 KFR-120LW/E（12568L）A1-N2 柜式空调器，用户反映头一年制热正常，但等到第二年入夏使用制冷模式时，发现不制冷，室内机吹自然风。

1. 查看交流接触器强制按钮和测量线圈电压

首先到室外机检查，发现室外风机运行，但压缩机不运行，见图 6-23 左图，查看交流接触器的强制按钮，发现触点未闭合。

使用万用表交流电压挡，见图 6-23 右图，测量交流接触器线圈端子电压，正常为 220V，实测为 0V，说明交流接触器线圈的控制电路有故障。

图 6-23 交流接触器触点未闭合和测量线圈电压

2. 测量 N 与黑线电压和按压交流接触器强制按钮

依旧使用万用表交流电压挡，见图 6-24 左图，1 表笔接室外机接线端子 N 端、1 表笔接方形对接插头中黑线即压缩机引线，实测电压为交流 220V，说明室内机主板已输出电压，故障在室外机。

由于交流接触器线圈 N 端中串接有相序保护器，当相序错误或断相时其触点断开，也会引起此类故障。使用万用表交流电压挡，测量三相供电 L1-L2、L1-L3、L2-L3 电压均为交流 380V，三相供电与 N 端即 L1-N、L2-N、L3-N 电压均为交流 220V，说明三相供电正常。

见图 6-24 右图，使用螺丝刀头按住强制按钮，强行接通交流接触器的三路触点，此时压缩机运行，但声音沉闷，手摸吸气管和排气管均为常温，说明三相供电相序错误。

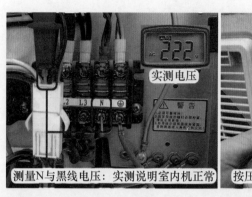

图 6-24　测量 N 与黑线电压和按压交流接触器强制按钮

3. 区分电源供电引线

见图 6-25 左图，室外机接线端子上共有 2 束相同的 5 芯电源引线，1 束为电源供电引线，接供电处的断路器；1 束为室内机供电，接室内机。

2 束引线作用不同，如果调整引线时调反，即对调的引线为室内机供电，开机后故障依旧，因此应首先区别出 2 束引线的功能。方法是断开空调器电源，见图 6-25 中图和右图，依次取下左侧接线端子上的 L1 引线和右侧接线端子的 L1 引线。

图 6-25　区分电源供电引线

使用万用表电阻挡，见图 6-26，1 表笔接 N 端，另 1 表笔依次接 2 个 L1 引线测量阻值，因电源供电引线接断路器，而室内机供电引线中 L1 端和 N 端并联有变压器一次绕组，因此测量阻值为无穷大的 1 束引线为电源供电，调整相序时即对调这束引线；测量阻值约 80Ω 的 1 束引线接室内机。根据测量结果可判断为右侧接线端子的引线为电源供电。

维修措施：见图 6-27，调整相序。方法是任意对调三相供电引线中的 2 根引线位置，本例对调 L1 和 L2 端子引线位置。

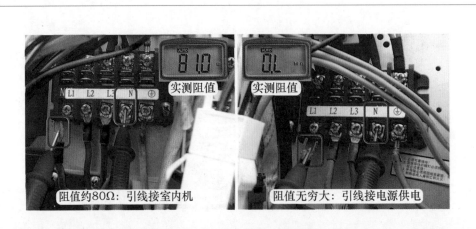

图 6-26　测量电源引线阻值

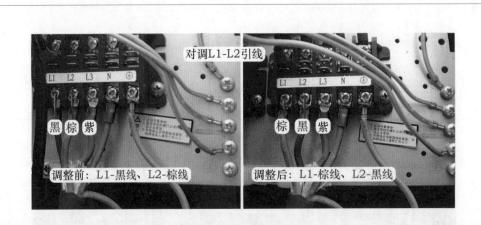

图 6-27　对调电源引线

总结：

因电源供电相序错误需要调整，常见于刚安装的空调器、长时间不用在此期间供电部门调整过电源引线（电线杆处）、房间因装修调整过电源引线（断路器处）。

三、　相序保护器损坏

故障说明：格力 KFR-120LW/E（1253L）V-SN5 柜式空调器，用户反映不制冷，室内机吹自然风。

1. 测量交流接触器线圈电压

到室外机查看，发现室外风机运行但压缩机不运行，查看交流接触器的强制按钮未闭合，说明交流接触器触点未导通，压缩机因无供电而不能运行。

使用万用表交流电压挡，见图6-28左图，黑表笔接相序保护器输出侧的蓝线（N端）、红表笔接方形对接插头中的压缩机黑线，实测电压约为交流220V，说明室内机输出正常，故障在室外机。

见图6-28右图，红表笔接压缩机黑线不动、黑表笔接相序保护器输出侧的白线，相当于测量交流接触器线圈电压，实测为交流0V，说明相序保护器输出侧触点未导通。

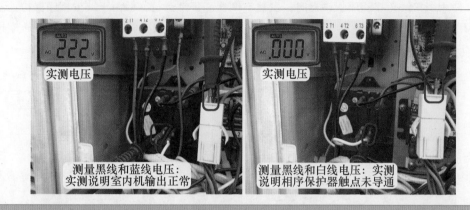

图 6-28　测量交流接触器线圈电压

2. 测量三相接线端子电压和按压交流接触器强制按钮

相序保护器输出侧触点未导通常见有3个原因：三相供电断相、相序错、相序保护器自身损坏。

使用万用表交流电压挡，见图6-29左图，测量三相供电 L1-L2、L1-L3、L2-L3 电压均为交流380V，三相供电与N端即 L1-N、L2-N、L3-N 电压均为交流220V，说明三相供电电压正常。

见图6-29右图，使用螺丝刀头按压交流接触器强制按钮，细听压缩机运行声音正常，手摸压缩机排气管烫手、吸气管冰凉，判断压缩机及三相供电相序正常，故障为相序保护器损坏。

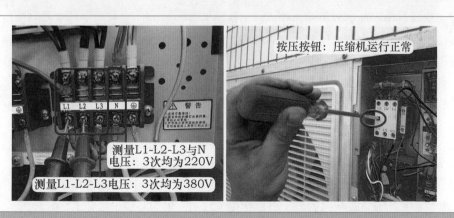

图 6-29　测量三相接线端子电压和按压交流接触器强制按钮

3. 短接相序保护器

为准确判断，断开空调器电源，见图 6-30 左图，将相序保护器输出侧中白线直接插在接线端子上 N 端，即短接相序保护器，再次上电试机，压缩机运行，空调器制冷正常，确定故障为相序保护器损坏。

维修措施：见图 6-30 右图，更换相序保护器。

总结：

① 交流接触器线圈无供电，如因相序保护器输出侧触点未导通引起，在确认三相供电电压正常且三相相序符合压缩机运行相序时，才能确定相序保护器损坏。

② 使用短接法短接相序保护器时，虽然空调器能正常运行，但由于缺少相序保护，不能长期使用，应尽快更换。否则在使用过程中，因某种原因导致三相供电相序不符合压缩机相序，压缩机将反转运行，并很快损坏，造成更大的故障。

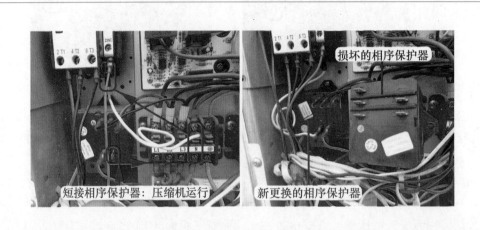

短接相序保护器：压缩机运行　　　　新更换的相序保护器

图 6-30　短接和更换相序保护器

四、　代换格力空调器相序盒

在实际维修中，如果原机相序保护器损坏，并且没有相同型号的配件更换时，可使用通用相序保护器代换。本节选用某品牌名称为"断相与相序保护继电器"的器件，对格力空调器代换相序盒的步骤进行详细说明。

1. 通用相序保护器实物外形和接线图

通用相序保护器见图 6-31，由控制盒和接线底座组成，使用时将底座固定在室外机合适的位置，控制盒通过卡扣固定在底座上面。

图 6-32 左图为接线图，图 6-32 右图为接线底座上对应位置。输入侧 1-2-3 端子接三相供电 L1-L2-L3 端子即检测引线。

输出侧 5-6 端子为继电器常开触点，相序正常时触点闭合；7-8 端子为继电器常闭触点，相序正常时触点断开。交流接触器（简称交接）线圈供电回路应串接在 5-6 端子。

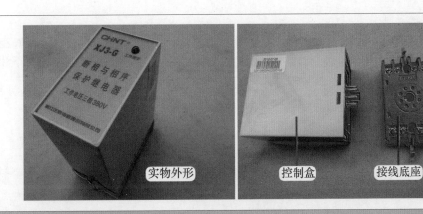

图 6-31 实物外形和组成

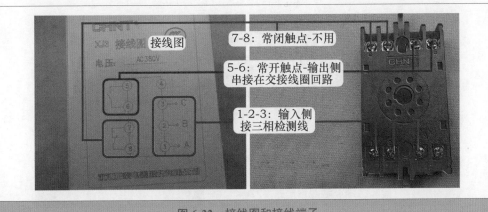

图 6-32 接线图和接线端子

2. 代换步骤

（1）输入侧引线

见图 6-33，将接线底座固定在室外机电控盒内合适的位置，由于 L1-L2-L3 端子连接原机相序保护器的引线较短，应准备 3 根引线，并将两端剥开适当的长度。

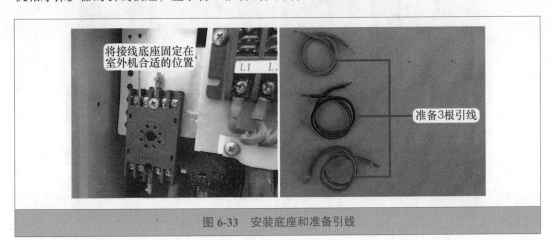

图 6-33 安装底座和准备引线

（2）安装输入侧引线

见图 6-34，将其中 1 根引线连接底座 1 号端子和 L1 端子、其中 1 根引线连接底座 2 号端子和 L2 端子、其中 1 根引线连接底座 3 号端子和 L3 端子，这样，输入侧引线就全部连接完成。

注意：固定接线端子上 L1-L2-L3 引线的螺钉应紧固，以避免引线接触不良。

（3）安装输出侧引线

见图 6-35 左图，原机交流接触器线圈的白线使用插头，因此将插头剪去，并剥开适合的长度接在底座 5 号端子；原机 N 端引线不够长，再使用另外 1 根引线连接底座 6 号端子和接线端子 N 端，这样输出侧引线也全部连接完成。注：底座 5 号和 6 号端子接继电器触点，连接引线时不分正反。

此时接线底座共有 5 根引线，见图 6-35 右图，1-2-3 端子分别连接接线端子 L1-L2-L3，5-6 端子连接交流接触器线圈和接线端子 N 端。

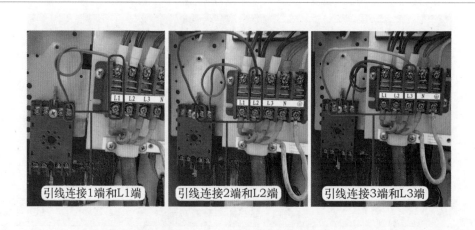

图 6-34　安装输入侧引线

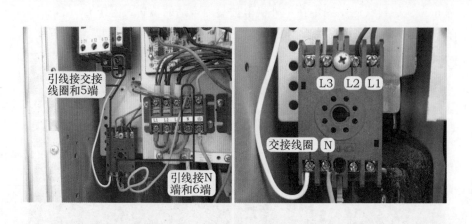

图 6-35　安装输出侧引线

（4）固定控制盒和包扎未用插头

见图6-36，将控制盒安装在底座上并将卡扣锁紧，再使用防水胶布将未使用的原机L1、L2、L3、N共4个插头包好，防止漏电。

再将空调器接通电源，控制盒检测相序符合正常时，控制内部继电器触点闭合，并且顶部"工作指示"灯（红色）点亮；空调器开机后，交流接触器触点闭合，压缩机开始运行。

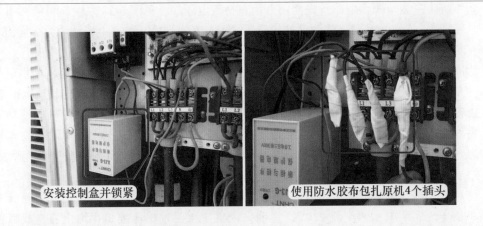

安装控制盒并锁紧　　使用防水胶布包扎原机4个插头

图6-36　固定控制盒和包扎未用插头

3. 压缩机不运行时的调整方法

如果空调器上电后控制盒上"工作指示"灯不亮，开机后交流接触器触点不能闭合使得压缩机不能运行，说明三相供电相序与控制盒内部检测相序不相同。此时应当断开空调器电源，取下控制盒，见图6-37，对调底座接线端子输入侧的任意2根引线位置，即可排除故障，再次开机，压缩机开始运行。

注意：原机只是相序保护器损坏，原机三相供电相序符合压缩机运行要求，因此调整相序时不能对调原机接线端子上引线，必须对调底座的输入侧引线。否则造成开机后压缩机反转运行，空调器不能制冷或制热，并且容易损坏压缩机。

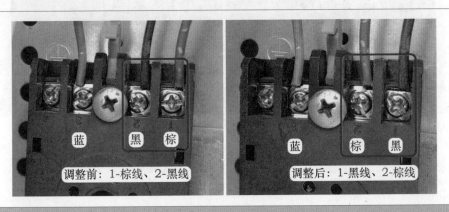

蓝　黑　棕　　　　　蓝　棕　黑

调整前：1-棕线、2-黑线　　　调整后：1-黑线、2-棕线

图6-37　相序错误时的调整方法

五、 代换海尔空调器相序板

故障说明：海尔 KFR-120LW/L（新外观）柜式空调器，用户反映不制冷，室内机吹自然风。上门检查，遥控器开机，电源和运行指示灯亮，室内风机运行，吹风为自然风，到室外机查看，发现室外风机运行，但压缩机不运行。

1. 测量电源电压

压缩机由三相电源供电，首先使用万用表交流电压挡，见图 6-38 左图，测量三相电源电压是否正常，分 3 次测量，实测室外机接线端子上 R-S、R-T、S-T 电压均约为交流 380V，初步判断三相供电正常。

为准确判断三相供电，依旧使用万用表交流电压挡，见图 6-38 右图，测量三相供电与零线 N 电压，分 3 次测量，实测 R-N、S-N、T-N 电压均约为交流 220V，确定三相供电正常。

2. 测量压缩机和室外风机电压

室外机 6 根引线的接线端子连接室内机，1 号白线为相线 L、2 号黑线为零线 N、6 号黄绿线为地，共 3 根线由室外机电源向室内机供电；3 号红线为压缩机、4 号棕线为四通阀线圈、5 号灰线为室外风机，共 3 根线由室内机主板输出，去控制室外机负载。

使用万用表交流电压挡，见图 6-39 左图，黑表笔接 2 号零线 N 端子，红表笔接 3 号压缩机端子，实测电压约交流 220V，说明室内机主板已输出压缩机供电电压，故障在室外机。

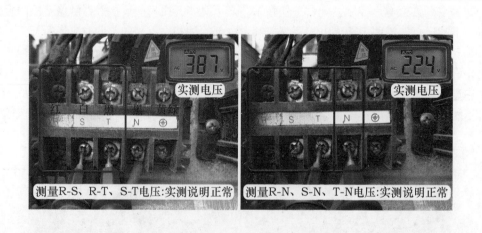

图 6-38　测量三相相线和三相 -N 电压

见图 6-39 右图，黑表笔不动接 2 号零线 N 端子，红表笔接 5 号室外风机端子，实测电压约交流 220V，也说明室内机主板已输出室外风机供电电压。

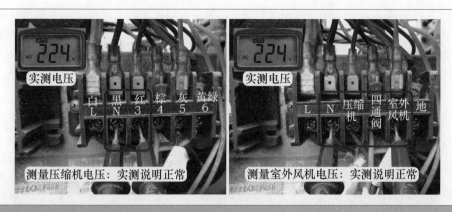

图 6-39　测量压缩机和室外风机电压

3. 按压交流接触器按钮和测量线圈电压

取下室外机顶盖，见图 6-40 左图，查看为压缩机供电的交流接触器（简称交接）按钮未吸合，说明其触点未导通，用手按压按钮，强制使触点吸合，此时压缩机开始运行，手摸排气管发热、吸气管变凉，说明制冷系统和供电相序均正常。

使用万用表交流电压挡，见图 6-40 右图，红、黑表笔接交流接触器线圈的 2 个端子测量电压，实测约交流 5.6V，说明室外机电控系统出现故障。

4. 测量相序板电压

查看室外机接线图或实际连接线，发现交流接触器线圈引线 1 端经相序板接零线、1 端接 3 号端子经室内机连接线接室内机主板的压缩机端子（相线），原理和格力空调器相同。

相序板实物外形见图 6-41 左图，共有 5 根引线：输入端有 3 根引线，为三相相序检测，连接室外机接线端子 R-S-T 端子；输出端共 2 根引线，连接继电器的 2 个端子，1 根接零线 N、1 根接交流接触器线圈。

使用万用表交流电压挡，见图 6-41 中图，红表笔接交流接触器线圈相线 L 相当于接 3 号端子压缩机引线，黑表笔接相序板零线引线，实测电压约为交流 220V，说明零线已送至相序板。

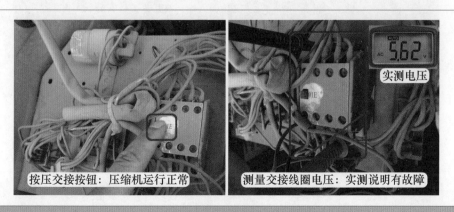

图 6-40　按压交流接触器按钮和测量线圈电压

见图6-41右图，红表笔不动依旧接相线L，黑表笔接相序板上连接交流接触器线圈引线，实测电压约为交流5.6V，说明相序板继电器触点未吸合，由于三相供电电压和相序均正常，判断相序板损坏。

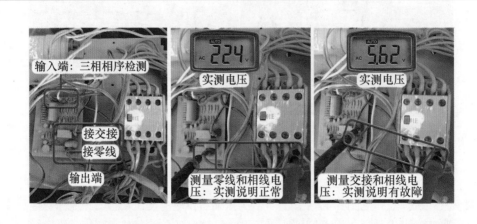

图 6-41　测量相序板电压

5. 使用通用相序保护器代换

由于暂时配不到原机相序板，查看其功能只是相序检测功能，决定使用通用相序保护器进行代换，其实物外形和接线图见图6-31和图6-32，代换步骤如下。

代换时断开空调器电源，见图6-42，拔下相序板的5根引线，并取下相序板，再将通用相序保护器的接线底座固定在室外机合适的位置。

原机相序板使用接线端子，引线使用插头，而接线底座使用螺钉固定，见图6-43，因此剪去引线插头，并剥出适当长度的接头，将3根相序检测线接入底座1-2-3端子。

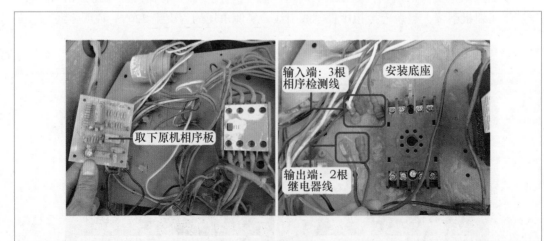

图 6-42　取下相序板和安装底座

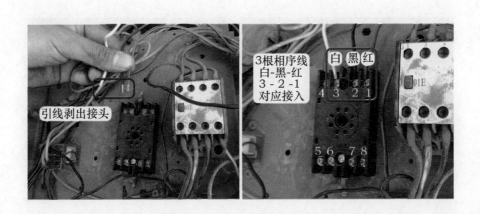

图 6-43　安装输入端引线

　　见图 6-44，把原相序板 2 根输出端的继电器引线不分正反接入 5-6 端子，再将相序保护器的控制盒安装在底座上并锁紧，完成使用通用相序保护器代换原机相序板的接线。

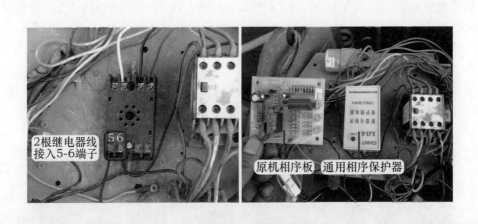

图 6-44　安装输出引线和代换完成

6. 对调输入侧引线

　　将空调器接通电源，见图 6-45 左图，查看通用相序保护器的工作指示灯不亮，判断其检测相序与电源相序不相同，使用遥控器开机后，交流接触器按钮未吸合，不能为压缩机供电，压缩机依旧不运行，只有室外风机运行。

　　由于原机电源相序符合压缩机运行要求，只是通用相序保护器检测不相同，因此断开空调器电源，见图 6-45 中图和右图，取下控制盒，对调接线底座上 1-2 端子引线，安装后上电试机，通用相序保护器工作指示灯已经点亮，遥控器开机后压缩机和室外风机均开始运行，故障排除。

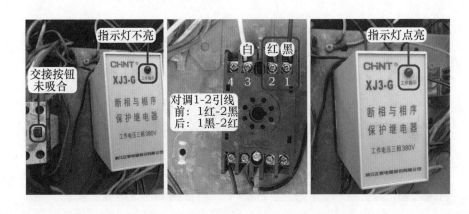

图 6-45　对调输入侧引线

维修措施：使用通用相序保护器代换相序板。

六、　代换美的空调器相序板

如果美的 KFR-120LW/K2SDY 柜式空调器室外机主板损坏，但暂时没有配件更换时，可使用通用相序保护器进行代换，其实物外形和接线图见图 6-31 和图 6-32，代换步骤如下。

1. 固定接线底座

取下室外机前盖，见图 6-46，由于通用相序保护器体积较大且较高，应在室外机电控盒内寻找合适的位置，使安装室外机前盖时不会影响相序保护器，找到位置后使用螺钉将接线底座固定在电控盒铁皮上面。

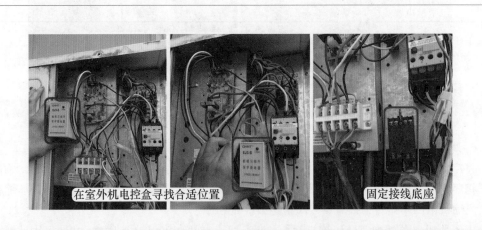

图 6-46　固定接线底座

2. 安装引线

见图 6-47，拔下室外机主板（相序板）相序检测插头，其共有 4 根引线即 3 根相线和 1 根 N 零线，由于通用相序保护器只检测三相相线且使用螺钉固定，取下 N 端黑线和插头，并将 3 根相线剥开适当长度的绝缘层。

拔下主板插头

去掉插头和N线，剥开相线接头

图 6-47　拔下原主板插头并剥开相线接头

（1）安装输入侧引线

见图 6-48，将室外机接线端子上 A 端红线接在底座 1 号端子、将 B 端白线接在底座 2 号端子、将 C 端蓝线接在底座 3 号端子，完成安装输入侧的引线。

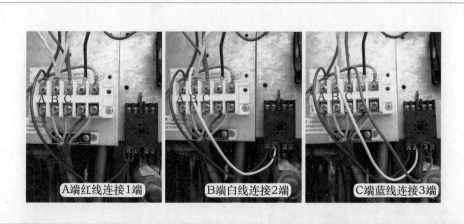

A端红线连接1端

B端白线连接2端

C端蓝线连接3端

图 6-48　安装输入侧引线

（2）安装输出侧引线

查看为压缩机供电的交流接触器线圈端子，见图 6-49 左图，1 端子接 N 端零线，另 1 端子接对接插头上红线，受室内机主板控制，由于原机设有室外机主板，当检测到相序错误或断相等故障时，其输出信号至室内机主板，室内机主板 CPU 检测后立即停止压缩机和室外风机供电，并显示故障代码进行保护。

取下室外机主板后对应的相序检测或断相等功能改由通用相序保护器完成，但其不能将保护信号直接输出送至室内机，见图 6-49 中图和右图，因此应剪断对接插头中红线，使为交流接触器线圈的供电串接在输出侧继电器触点回路中，并将交流接触器线圈红线接至输出侧 6 号端子。

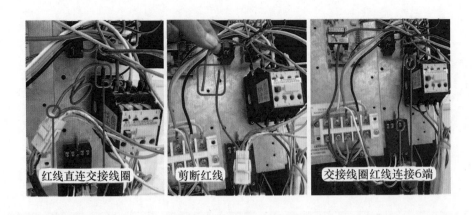

图 6-49 安装交流接触器线圈红线

见图 6-50，再将对接插头中红线接在输出侧的 5 号端子，这样输出侧和输入侧的引线就全部安装完成，接线底座上共有 5 根引线，即 1-2-3 号端子为相序检测输入、5-6 号端子为继电器常开触点输出，其 4-7-8 端子空闲不用，再将控制盒安装在接线底座上并锁紧。

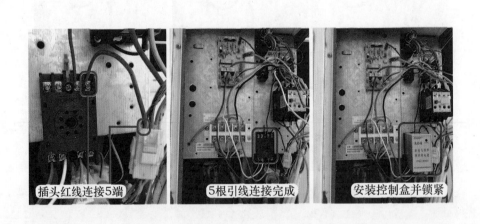

图 6-50 安装对接插头中红线和控制盒

3. 更改主板引线

见图 6-51，取下室外机主板，并将输出的保护黄线插头插在室外机电控盒中 N 零线端子，相当于短接室外机主板功能。

见图 6-52，找到室外机主板的 5V 供电插头和室外管温传感器插头，查看 5V 供电插头共有 3 根引线：白线为 5V、黑线为地线、红线为传感器，传感器插头共有 2 根引线即红线和黑线，将 5V 供电插头和传感器插头中的红线、黑线剥开绝缘层，引线相连并联接在一起，再使用绝缘胶布包裹。

4. 安装完成

此时，使用通用相序保护器代换相序板的工作就全部完成，见图6-53左图。

上电试机，当相序保护器检测相序正常，见图6-53中图，其工作指示灯点亮，表示输出侧5-6号端子接通，遥控器开机，室内机主板输出压缩机和室外风机供电电压时，交流接触器触点吸合，压缩机应能运行，同时室外风机也能运行。

图 6-51　取下原主板和更改主板引线

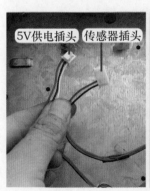
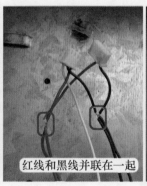
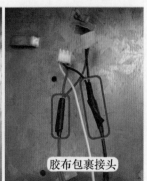

图 6-52　短接传感器引线

如果上电后相序保护器上工作指示灯不亮，见图6-53右图，表示检测相序错误，输出侧5-6号端子断开，此时即使室内机主板输出压缩机和室外风机工作电压，也只有室外风机运行，压缩机因交流接触器线圈无供电、触点断开而不能运行。此时只要断开空调器电源，对调相序保护器接线底座上1-2端子引线即可。

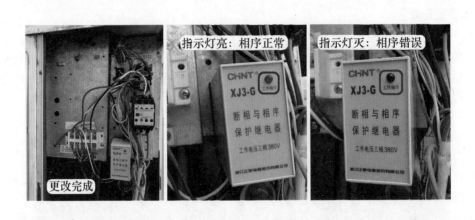

图 6-53 代换完成

第七章

变频空调器故障

第一节　室外机电路和膨胀阀故障

一、硅桥击穿

故障说明：格力 KFR-32GW/（32556）FNDe-3 挂式直流变频空调器（凉之静），用户反映上电开机后室内机吹自然风，显示屏显示 E6 故障代码，查看代码含义为通信故障。

1. 查看指示灯和测量 300V 电压

上门检查，重新上电开机，室内风机运行但不制冷，约 15s 后显示屏显示 E6 故障代码。到室外机检查，室外风机和压缩机均不运行，使用万用表交流电压挡，测量接线端子 N（1）号蓝线和 3 号棕线电压，实测约 220V，说明室内机主板已向室外机输出供电电压。使用万用表直流电压挡，黑表笔接 N（1）号端子蓝线、红表笔接 2 号端子黑线测量通信电压，实测约为 0V，由于通信电路专用电压由室外机提供，初步判断故障在室外机。

取下室外机外壳，查看室外机主板上指示灯，见图 7-1 左图，发现绿灯 D2、红灯 D1、黄灯 D3 均不亮，而正常时为闪烁状态，也说明故障在室外机。

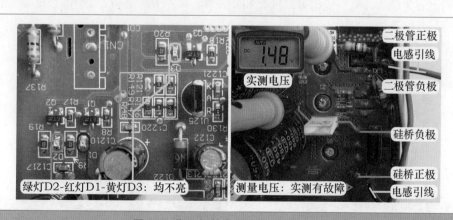

图 7-1　指示灯状态和测量 300V 电压

使用万用表直流电压挡，见图 7-1 右图，黑表笔接和硅桥负极水泥电阻相通的焊点即电容负极、红表笔接快恢复二极管的负极即电容正极测量 300V 电压，实测约为 0V，说明强电通路出现故障。

2. 测量硅桥输入端电压和手摸 PTC 电阻

硅桥位于室外机主板的右侧最下方位置，其共有 4 个引脚，中间的 2 个引脚为交流输入端（～1 引脚接电源 N 端，～2 引脚经 PTC 电阻和主控继电器触点接电源 L 端），上方引脚接水泥电阻为负极（经水泥电阻连接滤波电容负极），下方引脚接滤波电感引线（图中为蓝线）为正极，经 PFC 升压电路（滤波电感、快恢复二极管、IGBT 开关管）接电容正极。

将万用表挡位改为交流电压挡，见图 7-2 左图，表笔接中间 2 个引脚测量交流输入端电压，实测约为 0V，正常应为市电 220V 左右。

为区分故障部位，见图 7-2 右图，用手摸 PTC 电阻表面很烫，说明其处于开路状态，判断为强电负载有短路故障。

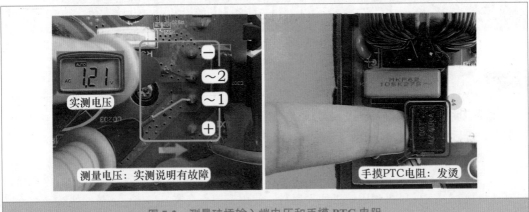

图 7-2　测量硅桥输入端电压和手摸 PTC 电阻

3. 300V 负载主要部件

直流 300V 负载主要部件见图 7-3，电路原理简图见图 7-4，由模块 IPM、快恢复二极管 D203、IGBT 开关管 Z1、硅桥 G1、电容 C0202 和 C0203 等组成，安装在室外机主板上右侧位置，最上方为模块、向下依次为二极管和开关管，最下方为硅桥，2 个滤波电容安装在靠近右侧的下方位置。

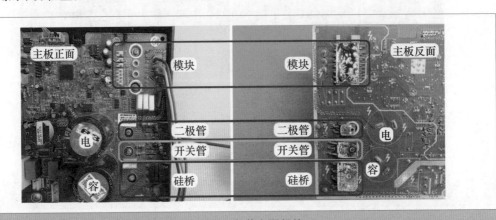

图 7-3　300V 负载主要部件

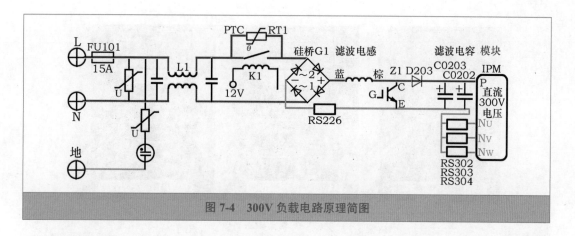

图 7-4　300V 负载电路原理简图

4. 测量模块

断开空调器电源，使用万用表直流电压挡测量滤波电容 300V 电压，确认约为 0V 时，再使用万用表二极管挡，测量模块是否正常，测量前应拔下滤波电感的 2 根引线和压缩机的 3 根引线（或对接插头）。测量模块时主要测量 P、N、U、V、W 共 5 个引脚，假如主板上未标识引脚功能，可按以下方法判断。

P 为正极接 300V 正极，和电容正极引脚相通，比较明显的标识是，和引脚相连的铜箔走线较宽且有很多焊孔（或者焊孔已渡上焊锡）；假如铜箔走线在主板反面，可使用万用表电阻挡，测量电容正极（或 300V 熔丝管）和模块阻值为 0Ω 的引脚即为 P 端。

N 为负极接 300V 负极地，通常通过 1 个或 3 个水泥电阻接电容负极，因此和水泥电阻相通的引脚为 N。目前模块通常设有 3 个引脚，只使用 1 个水泥电阻时 3 个 N 端引脚相通，使用 3 个水泥电阻时，3 个引脚分别接 3 个水泥电阻，但测量模块时只接其中 1 个引脚即为 N 端。

U、V、W 为负载输出，比较好判断，和压缩机引线或接线端子相通的 3 个引脚依次为 U、V、W。

见图 7-5 左图，红表笔接 N 端、黑表笔接 P 端，实测为 475mV，表笔反接即红表笔接 P 端、黑表笔接 N 端，实测为无穷大，说明 P、N 端子正常。

见图 7-5 中图，红表笔接 N 端、黑表笔分别接 U-V-W 端子，3 次实测均为 446mV，表笔反接即红表笔分别接 U-V-W、黑表笔接 N 端，3 次实测均为无穷大，说明 N 和 U-V-W 端子正常。

见图 7-5 右图，红表笔分别接 U-V-W 端子、黑表笔接 P 端，3 次实测均为 447mV，表笔反接即红表笔接 P 端、黑表笔分别接 U-V-W 端子，3 次实测均为无穷大，说明 P 和 U-V-W 端子正常。

根据上述测量结果，判断模块正常，无短路故障。

5. 测量开关管和二极管

IGBT 开关管 Z1 共有 3 个引脚，即发射极 E、集电极 C、栅极 G。E 和 C 与直流 300V 并联，C 接硅桥正极连接的滤波电感引线另一端（棕线）相当于接正极，E 接电容负极。见图 7-6 左图，测量时使用万用表二极管挡，红表笔接 C（电感棕线）、黑表笔 E 实测为无穷大，红表笔接 E、黑表笔接 C 实测为无穷大，没有出现短路故障，说明开关管正常。

图 7-5　测量模块

快恢复二极管 D203 共有 2 个引脚，正极接硅桥正极连接滤波电感引线的另一端（棕线），负极接电容正极。测量时使用万用表二极管挡，见图 7-6 右图，红表笔接正极（电感棕线）、黑表笔接负极，正向测量实测为 308mV，红表笔接负极、黑表笔接正极，反向测量实测为无穷大，2 次实测结果说明二极管正常。

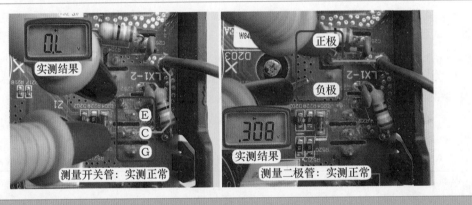

图 7-6　测量开关管和二极管

6. 在路测量硅桥

测量硅桥 G1 依旧使用万用表二极管挡，见图 7-7 左图，红表笔接负极 −、黑表笔接交流输入端 ~2，实测为 479mV，说明正常。

红表笔不动依旧接负极 −、黑表笔接 ~1，见图 7-7 中图，实测接近 0mV，正常时应正向导通，结果和红表笔接负极 −、黑表笔接 ~2 时相等为 479mV。

见图 7-7 右图，红表笔接 ~1、黑表笔接正极 +，实测接近 0mV，正常时应正向导通，结果和红表笔接负极 −、黑表笔接 ~2 时相等为 479mV，根据 2 次实测为 0mV，说明硅桥击穿短路损坏。

7. 单独测量硅桥

取下固定模块的 2 个螺钉（俗称螺丝）、快恢复二极管的 1 个螺钉、IGBT 开关管的 1 个螺钉、硅桥的 1 个螺钉共 5 个安装在散热片的螺钉，以及固定室外机主板的自攻螺钉，在室外机电控盒中取下室外机主板，使用烙铁焊下硅桥，型号为 GBJ15J，见图 7-8 左图，使用万用表二极管挡，单独测量硅桥，红表笔接负极－、黑表笔接～1时，实测仍接近0mV，排除室外机主板短路故障，确定硅桥短路损坏。

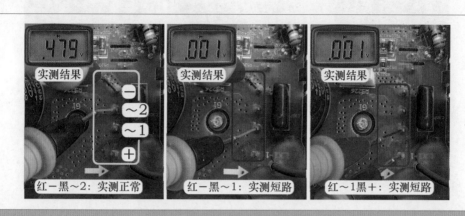

图7-7　在路测量硅桥

测量型号为D15XB60的正常配件硅桥，见图7-8中图和右图，红表笔接负极－、黑表笔分别接～1和～2，2次实测均为480mV，表笔反接为无穷大；红表笔接负极－、黑表笔接正极＋，实测为848mV，表笔反接为无穷大；红表笔分别接～1和～2、黑表笔接正极＋，2次实测均为480mV，表笔反接为无穷大。

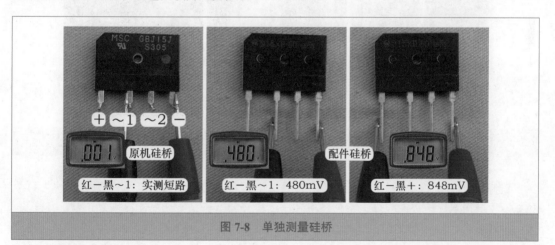

图7-8　单独测量硅桥

8. 安装硅桥

参照原机硅桥引脚，见图7-9左图和中图，首先将配件硅桥的4个引脚掰弯，再使用尖嘴钳子剪断多余的引脚长度，使配件硅桥引脚长度和原机硅桥相接近。

将硅桥引脚安装至室外机主板焊孔，调整高度使其和IGBT开关管等相同，见图7-9右图，使用烙铁搭配焊锡焊接4个引脚。

图7-10左图为损坏的硅桥和焊接完成的配件硅桥。

由于硅桥运行时热量较高，见图7-10中图，应在表面涂抹散热硅脂，使其紧贴散热片，降低表面温度，减少故障率，并同时查看模块、开关管、二极管表面的硅脂，如已经干涸时应擦掉，再涂抹新的散热硅脂至表面。

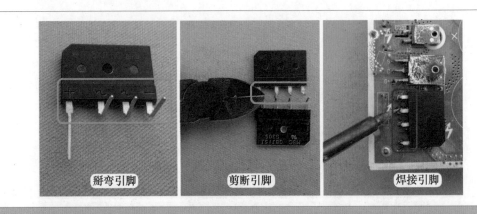

图 7-9　掰弯、剪断和焊接引脚

将室外机主板安装至电控盒，调整位置使硅桥、模块等螺钉眼对准散热片的螺钉孔，见图 7-10 右图，使用螺丝刀安装螺钉并均匀地拧紧，再安装其他的自攻螺钉。

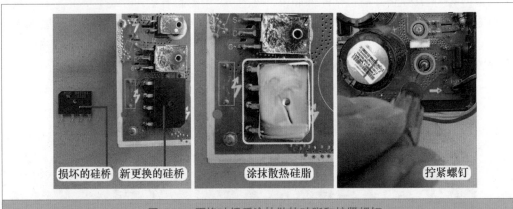

图 7-10　更换硅桥后涂抹散热硅脂和拧紧螺钉

维修措施：更换硅桥。更换安装完成后上电开机，测量 300V 电压恢复正常约为直流 323V，3 个指示灯按规律闪烁，室外风机和压缩机开始运行，空调器制冷恢复正常。

总结：

① 硅桥内部设有 4 个大功率的整流二极管，本例部分损坏（即 4 个没有全部短路），在室外机主板上电时，因短路电流过大使得 PTC 电阻温度逐渐上升，其阻值也逐渐上升直至无穷大，输送至硅桥交流输入端的电压逐渐下降直至约为 0V，直流输出端电压约为 0V，开关电源电路不能工作，因而 CPU 也不能工作，不能接收和发送通信信号，室内机主板 CPU 判断为通信故障，在显示屏显示 E6 故障代码。

② 由于硅桥工作时通过的电流较大，表面温度相对较高，焊接硅桥时应在室外机主板正面和反面均焊接引脚焊点，以防止引脚虚焊。

③ 原机硅桥型号为 GBJ15J，其最大正向整流电流为 15A；配件硅桥型号为 D15XB60，其最大正向整流电流为 15A，最高反向工作电压为 600V，两者参数相同，因此可以进行代换。

二、 IGBT 开关管短路

故障说明：三菱重工 KFR-35GW/QBVBp（SRCQB35HVB）挂式全直流变频空调器，用户反映不制冷。遥控器开机后，室内风机运行，但指示灯立即显示故障代码为"运行灯点亮、定时灯每 8 秒闪 6 次"，查看代码含义为通信故障。

1. 测量室外机接线端子电压

到室外机检查，发现室外机不运行。使用万用表交流电压挡，见图 7-11 左图，红表笔和黑表笔接接线端子上 1 号 L 端子和 2(N) 端子测量电压，实测为交流 219V，说明室内机主板已输出供电至室外机。

将万用表挡位改为直流电压挡，见图 7-11 右图，黑表笔接 2(N) 端子、红表笔接 3 号通信 S 端子测量电压，实测约为直流 0V，说明通信电路出现故障。

➡ **说明：**本机室内机和室外机距离较远，中间加长了连接管道和连接线，其中加长连接线使用 3 芯线，只连接 L 端相线、N 端零线、S 端通信线，未使用地线。

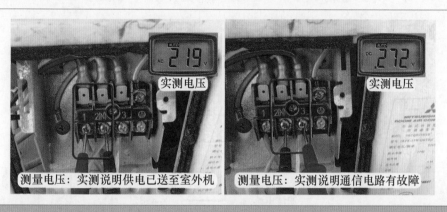

图 7-11　测量供电和通信电压

2. 断开通信线测量通信电压

为区分是室内机故障还是室外机故障，断开空调器电源，见图 7-12 左图，使用螺丝刀取下 3 号端子下方的通信线，依旧使用万用表直流电压挡，再次上电开机，同时测量通信电压，实测结果依旧约为直流 0V，由于通信电路专用电压由室外机主板提供，确定故障在室外机。

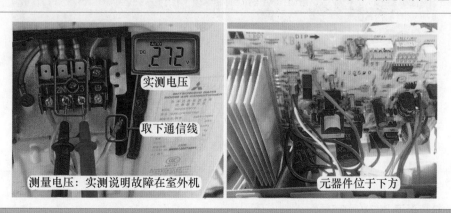

图 7-12　取下通信线后测量电压和室外机主板元器件位于下方

3. 室外机主板

取下室外机顶盖和电控盒盖板，见图 7-12 右图，发现室外机主板为卧式安装，焊点在上面，元器件位于下方。

室外机强电通路电路原理简图见图 7-13，实物图见图 7-14，主要由扼流圈 L1、PTC 电阻 TH11、主控继电器 52X2、电流互感器 CT1、滤波电感、PFC 硅桥 DS1、IGBT 开关管 Q3、熔丝管 F4（10A）、整流硅桥 DS2、滤波电容 C85 和 C75、熔丝管 F2（20A）、模块 IC10 等组成。

室外机接线端子上 L 端相线（黑线）和 N 端零线（白线）送至主板上扼流圈 L1 滤波，L 端经由 PTC 电阻 TH11 和主控继电器 52X2 组成的防瞬间大电流充电电路，由蓝色跨线 T3-T4 至硅桥的交流输入端，N 端零线经电流互感器 CT1 一次绕组后，由接滤波电感的跨线 (T1 黄线 -T2 橙线) 至硅桥的交流输入端。

L 端和 N 端电压分为 2 路，1 路送至整流硅桥 DS2，整流输出直流 300V 经滤波电容滤波后为模块、开关电源电路供电，作用是为室外机提供电源；1 路送至 PFC 硅桥 DS1，整流后输出端接 IGBT 开关管，作用是提高供电的功率因数。

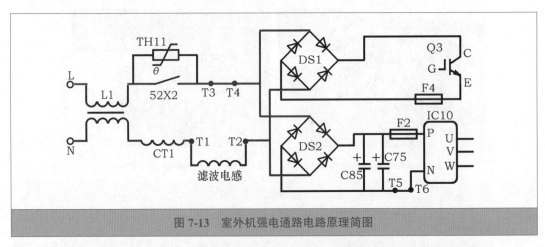

图 7-13　室外机强电通路电路原理简图

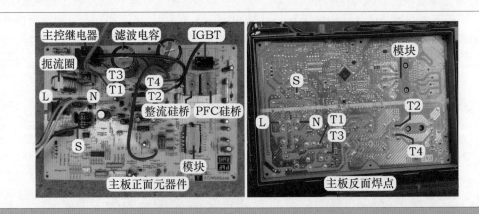

图 7-14　室外机主板正面元器件和反面焊点

4. 测量直流 300V 和硅桥输入端电压

由于直流 300V 为开关电源电路供电，间接为室外机提供各种电源，使用万用表直流电压挡，见图 7-15 左图，黑表笔接滤波电容负极（和整流硅桥负极相通的端子）、红表笔接正极（和整流硅桥正极相通的端子）测量直流 300V 电压，实测约为 0V，说明室外机强电通路有故障。

将万用表挡位改为交流电压挡，见图 7-15 右图，测量硅桥交流输入端电压，由于 2 个硅桥并联，测量时表笔可接和 T2-T4 跨线相通的位置，正常电压为交流 220V，实测约为 0V，说明前级供电电路有开路故障。

➡ 说明：本机室外机主板表面涂有防水胶，测量时应使用表笔尖刮开防水胶后，再测量和连接线或端子相通的铜箔走线。

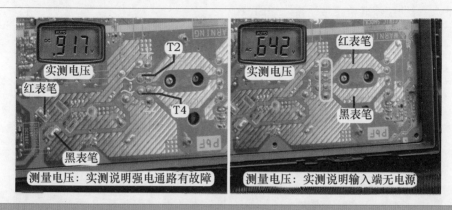

图 7-15　测量直流 300V 和硅桥输入端电压

5. 测量主控继电器输入和输出端交流电压

向前级检查，依旧使用万用表交流电压挡，见图 7-16 左图，测量室外机主板输入 L 端相线和 N 端零线电压，红表笔和黑表笔接扼流圈 L1 焊点，实测为交流 219V，和室外机接线端子电压相等，说明供电已送到室外机主板。

见图 7-16 右图，黑表笔接电流互感器后端跨线 T1 焊点、红表笔接主控继电器后端触点跨线 T3 焊点测量电压，实测约为交流 0V，初步判断 PTC 电阻因电流过大断开保护，断开空调器电源，手摸 PTC 电阻发烫，也说明后级负载有短路故障。

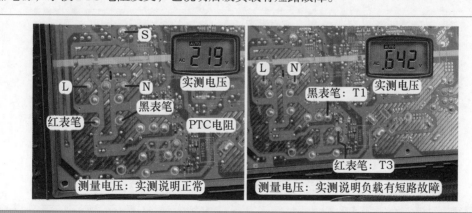

图 7-16　测量主控继电器输入和输出端交流电压

6. 测量模块和整流硅桥

引起 PTC 电阻发烫的主要原因为直流 300V 短路，后级负载主要有模块 IC10、整流硅桥

DS2、PFC 硅桥 DS1、IGBT 开关管 Q3、开关电源电路短路等。

断开空调器电源，由于直流 300V 电压约为 0V，因此无须为滤波电容放电。拔下压缩机和滤波电感的连接线，使用万用表二极管挡，见图 7-17 左图；首先测量模块 P、N、U、V、W 共 5 个端子，红表笔接 N 端、黑表笔接 P 端时为 471mV，红表笔不动接 N 端、黑表笔接 U-V-W 时均为 462mV，说明模块正常，排除短路故障。

使用万用表二极管挡测量整流硅桥 DS2，见图 7-17 右图，红表笔接负极、黑表笔接正极，实测结果为 470mV；红表笔不动接负极、黑表笔分别接 2 个交流输入端，实测结果均为 427mV，说明整流硅桥正常，排除短路故障。

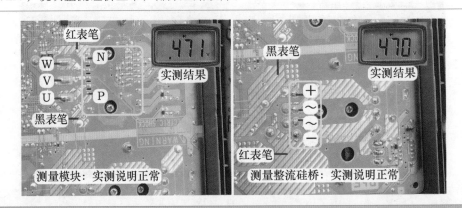

图 7-17　测量模块和整流硅桥

7. 测量 PFC 硅桥

再使用万用表二极管挡测量 PFC 硅桥 DS1，见图 7-18，红表笔接负极、黑表笔接正极，实测结果为 0mV，说明 PFC 硅桥有短路故障，查看 PFC 硅桥负极经 F4 熔丝管（10A）连接 IGBT 开关管 Q3 的 E 极（相当于源极 S）、硅桥正极接 Q3 的 C 极（相当于漏极 D），说明硅桥正负极和 IGBT 开关管的 C、E 极并联，由于 IGBT 开关管损坏的比例远大于硅桥，判断 IGBT 开关管的 C-E 极击穿。

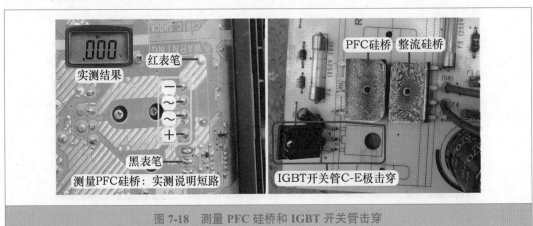

图 7-18　测量 PFC 硅桥和 IGBT 开关管击穿

维修措施：本机维修方法是更换室外机主板或 IGBT 开关管（型号为东芝 RJP60D0），但由于暂时没有室外机主板和配件 IGBT 开关管更换，而用户又着急使用空调器，见图 7-19，使用尖嘴钳子剪断 IGBT 的 E 极引脚（或同时剪断 C 极引脚，或剪断 PFC 硅桥 DS1 的 2 个交流输入端），这样相当于断开短路的负载，即使 PFC 电路不能工作，空调器也可正常运行在制冷模式或制热模式，待到有配件时再更换即可。

总结：

本机设有 2 个硅桥，整流硅桥的负载为直流 300V，PFC 硅桥的负载为 IGBT 开关管，当任何负载有短路故障时，均会引起电流过大，PTC 电阻在上电时阻值逐渐变大直至开路，后级硅桥输入端无电源，室外机主板 CPU 不能工作，引起室内机报故障代码为通信故障。

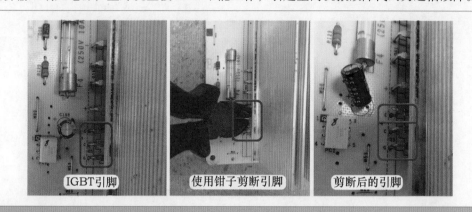

图 7-19　剪断 IGBT 开关管引脚

三、　电子膨胀阀阀体卡死

故障说明：格力 KFR-72LW/（72522）FNAb-A3 柜式直流变频空调器（鸿运满堂），用户反映不制冷，长时间运行房间温度不下降，室内风机一直运行，不显示故障代码。

1. 感觉出风口温度和手摸二三通阀感觉温度

上门检查，将空调器重新接通电源，使用遥控器开机，室内风机运行，见图 7-20 左图，将手放在出风口感觉为自然风。

到室外机检查，室外风机和压缩机正在运行，见图 7-20 右图，用手摸二通阀和三通阀均为常温，说明制冷系统出现故障，常见原因为缺少制冷剂（缺氟）。

图 7-20　感觉出风口温度和手摸二三通阀感觉温度

2. 测量系统压力

在三通阀检修口接上压力表测量系统运行压力，见图7-21左图，查看为负压（本机使用R410A制冷剂），确定制冷系统有故障。询问用户故障出现时间，回答说是正常使用时突然不制冷，从而排除系统慢漏故障，可能为无制冷剂或系统堵。

为区分是无制冷剂或系统堵故障，将空调器关机，压缩机停止运行，见图7-21右图，查看系统静态（待机）压力逐步上升，1min后升至约1.7MPa，说明系统制冷剂充足，初步判断为系统堵，查看本机使用电子膨胀阀作为节流元件而不是毛细管。

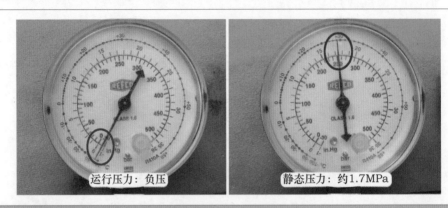

运行压力：负压　　静态压力：约1.7MPa

图7-21　运行压力和待机静态压力

3. 手摸膨胀阀阀芯和重新安装线圈

断开空调器电源，待2min后重新上电开机，见图7-22左图，在室外机上电时用手摸电子膨胀阀阀芯，感觉无反应，正常时应有轻微的振动感；同时细听也没有发出轻微的"嗒嗒"声，说明膨胀阀出现故障。

在室外机上电时开始复位，主板上4个指示灯D5（黄）、D6（橙）、D16（红）、D30（绿）同时点亮，35s时室外风机开始运行，45s时压缩机开始运行，再次查看系统运行压力直线下降，由1.7MPa直线下降至负压，同时空调器不制冷，室外机运行电流为3.1A，2min 55s时压缩机停止运行，电流下降至0.7A，系统压力逐步上升，主板上指示灯D5亮、D6闪、D16亮、D30亮，但查看故障代码表没有此项内容，3min10s时室外风机停机，此时室内风机一直运行，出风口为自然风，显示屏不显示故障代码。

为判断是否由电子膨胀阀线圈在室外机运行时振动引起移位，见图7-22右图，取下线圈后再重新安装，同时断开空调器电源2min后再次上电开机，室外机主板复位时用手摸膨胀阀阀芯仍旧没有振动感，压缩机运行后系统压力由1.7MPa直线下降至负压，排除线圈移位造成的阀芯打不开故障。

4. 测量线圈阻值和驱动电压

为判断电子膨胀阀线圈是否开路损坏，拔下线圈插头，使用万用表电阻挡测量阻值。线圈共有5根引线：蓝线为公共端接直流12V，黑线、黄线、红线、橙线为驱动接反相驱动器。见图7-23左图，红表笔接公共端蓝线，黑表笔接4根驱动即黑线、黄线、红线、橙线时阻值均约为48Ω，4根驱动引线之间阻值分别约为96Ω，说明线圈阻值正常。

再将插头安装至室外机主板，使用万用表直流电压挡，表笔接驱动引线，见图7-23右图，红表笔接黄线、黑表笔接橙线，在室外机上电主板CPU复位时测量驱动电压，主板刚上电时为直流 0V，约 5s 时变为 −5V ~ 5V 跳动变化的电压，约 45s 时电压变为 0V，说明室外机主板已输出驱动线圈的脉冲电压，故障为电子膨胀阀阀芯卡死损坏。

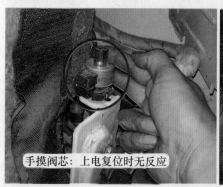
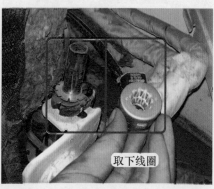

图 7-22　手摸阀芯和取下线圈

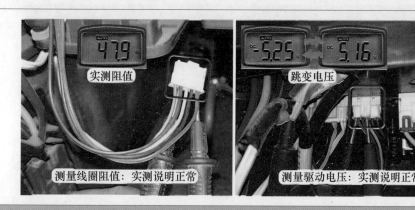

图 7-23　测量线圈阻值和驱动电压

5. 取下膨胀阀

再次断开空调器电源，慢慢松开二通阀上细管螺母和压力表开关，系统的 R410A 制冷剂从接口处向外冒出，等待一段时间使制冷剂放空后，取下膨胀阀线圈，见图 7-24 左图，松开膨胀阀的固定卡扣，扳动膨胀阀使连接管向外移动。

由于松开细管螺母和打开压力表开关后，系统内仍存有 R410A 制冷剂，在焊接膨胀阀管口时，有毒气体（异味）将向外冒出，此时可将细管螺母拧紧，在压力表处连接真空泵，抽净系统内的制冷剂，在焊接时管口不会有气体冒出，见图 7-24 右图，可轻松取下膨胀阀阀体。

6. 更换膨胀阀

见图 7-25 左图，查看取下的损坏的膨胀阀，由浙江三花公司生产，型号为 Q0116C105，申请的新膨胀阀由盾安（DunAn）公司生产，型号为 DPF1.8C-B053。

取下旧膨胀阀时，应记录管口对应的管道，以防止安装新膨胀阀时管口装反。见图 7-25 右图，将膨胀阀管口对应安装到管道，本例膨胀阀横管（侧方管口）经过滤器连接冷凝器、竖管（下方管道）经过滤器连接二通阀。

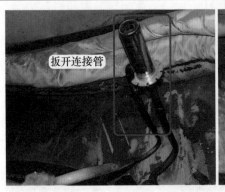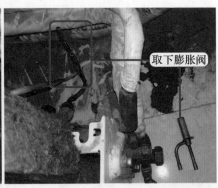

图 7-24　扳开连接管和取下膨胀阀

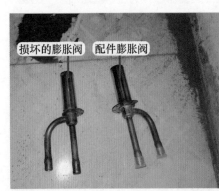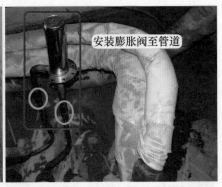

图 7-25　配件和安装膨胀阀

　　将膨胀阀管口安装至管道后，见图 7-26 左图，再找一块湿毛巾，以不向下滴水为宜，包裹在膨胀阀阀体表面，以防止焊接时由于温度过高损坏内部器件。

　　见图 7-26 中图，使用焊炬焊接膨胀阀的 2 个管口，焊接时速度要快，焊接后再将自来水倒在毛巾表面，毛巾向下滴水时为管口降温，待温度下降后，取下毛巾。

　　向系统充入制冷剂提高压力以用于检查焊点，见图 7-26 右图，再使用洗洁精泡沫涂在管道焊点，仔细查看接口处无气泡冒出，说明焊接正常。

　　7. 上电试机

　　将膨胀阀阀体固定在原安装位置，安装线圈后上电开机，见图 7-27 左图，室外机主板复位时手摸膨胀阀有振动感，同时能听到阀体发出的"嗒嗒"声，说明新膨胀阀内部阀针可上下移动，测试膨胀阀正常后断开空调器电源。

　　使用活动扳手拧紧管螺母，再使用真空泵对系统抽真空约 20min，定量加注 R410A 制冷剂约 1.8kg，系统压力平衡后再上电试机，见图 7-27 右图，查看系统运行压力逐步下降至约 0.9MPa 时保持稳定，手摸二通阀和三通阀也开始变凉，运行一段时间后在室内机出风口感觉吹出的风较凉，说明制冷恢复正常，故障排除。

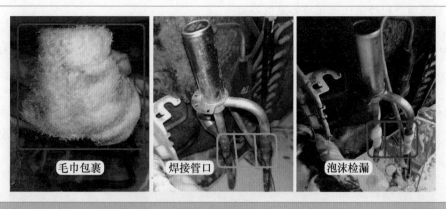

图 7-26　焊接管口和检漏

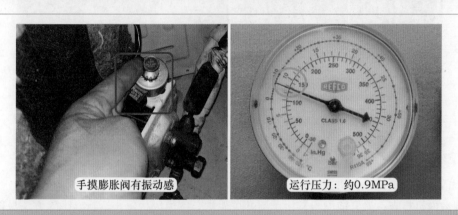

图 7-27　手摸膨胀阀和运行压力

维修措施：更换电子膨胀阀阀体。

总结：

① 电子膨胀阀损坏的常见原因有线圈开路、膨胀阀阀芯卡死。其中膨胀阀阀芯卡死故障率较高，故障现象为正在制冷时突然不制冷；或者关机时正常，在开机时不制冷。

② 出现膨胀阀阀芯卡死故障，压缩机运行时压力为负压，和系统无制冷剂时表现相同，应注意区分故障部位。方法是关机查看静态压力，如压力仍旧较低（0.1 ~ 0.8MPa），为系统无制冷剂故障；如压力较高（约 1.8MPa），为膨胀阀阀芯卡死故障。

第二节　室外直流风机和压缩机故障

一、海尔直流电机线束磨断

故障说明：海尔 KFR-72LW/62BCS21 柜式全直流变频空调器，用户反映不制冷，要求上门维修。

1. 查看室外机故障代码和室外风机不运行

上门检查，使用万用表交流电流挡，钳头卡在为空调器供电的断路器（俗称空气开关）上相线引线，重新上电使用遥控器开机，室内风机运行，最大电流约 0.7A，说明室外机没有运行。到室外机检查，室外风机和压缩机均不运行，见图 7-28 左图，查看室外机主板指示灯闪 9 次，代码含义为"室内直流风机异常"。

断开空调器电源，待 3min 后再次上电开机，电子膨胀阀复位后，压缩机起动运行，但约 5s 后随即停机，见图 7-28 右图，室外风机始终不运行，室外机主板指示灯闪 9 次报出故障代码，同时室内机未显示故障代码。

图 7-28　室外机电控系统和室外风机不运行

2. 门开关和更换室内机主板

到室内机检查，掀开前面板，由于门开关保护，室内风机停止运行，排除方法见图 7-29 左图，用手将门开关向里按压到位后，再使用牙签顶住，使其不能向外移动，门开关触点一直处于导通状态，CPU 检测前面板处于关闭的位置，控制室内风机运行，才能检修空调器。

本机室内风机（离心电机）使用直流电机，共设有 5 根引线，红线为直流 300V 供电、黑线为地线、白线为直流 15V 供电、黄线为驱动控制、蓝线为转速反馈。

使用万用表直流电压挡，黑表笔接黑线地线、红表笔接红线测量 300V 电压，实测约为 300V；红表笔接白线测量 15V 电压，实测约为 15V，2 次测量结果说明供电正常。

在室内风机运行时，黑表笔不动依旧接黑线地线、红表笔接黄线测量驱动电压，实测约为 2.8V，红表笔接蓝线测量反馈电压，实测约为 7.5V。使用遥控器关机，室内风机停止运行，红表笔接黄线测量驱动电压，实测为 0V；红表笔接蓝线测量反馈电压，同时用手慢慢转动室内风扇（离心风扇），实测为 0.2V ~ 15V ~ 0.2V ~ 15V 跳动变化，说明室内风机正常，故障为室内机主板损坏。

申请同型号室内机主板更换后，见图 7-29 右图，重新上电试机，依旧为室内风机运行正常，压缩机运行 5s 后停机，室外风机不运行，室外机主板指示灯依旧闪 9 次报出代码，仔细查看故障代码本，发现闪 9 次故障代码含义包括"室外直流风机异常"，即闪 9 次代码的含义为室内或室外直流风机异常。

3. 测量室外风机电压

再次到室外机检查，本机室外风机使用直流电机。使用万用表直流电压挡，见图 7-30 左图，黑表笔接室外风机插头中地线黑线、红表笔接红线测量 300V 电压，实测 304V，说明正常；黑表笔不动、红表笔接白线测量 15V 电压，实测约 15V，说明室外机主板已输出直流 300V 和 15V 电压。

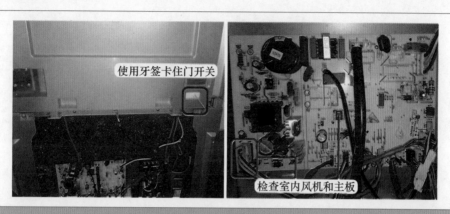

图 7-29　卡住门开关和检查室内机

首先接好万用表表笔，见图 7-30 右图，即黑表笔不动依旧接黑线地线、红表笔接黄线测量驱动电压，然后重新上电开机，电子膨胀阀复位结束后，压缩机开始运行，同时黄线驱动电压由约 0V 迅速上升至约 6V，再下降至约 3V，最后下降至约 0V，但室外风机始终不运行，约 5s 后压缩机停机，室外机主板指示灯闪 9 次报出故障代码。

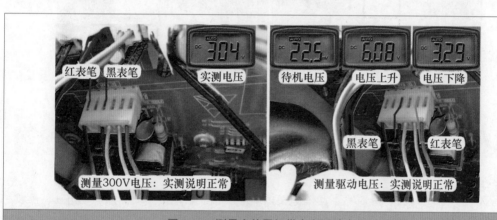

图 7-30　测量室外风机供电和驱动电压

4. 查看室外风机引线磨断

室外机主板已输出直流 300V、15V 的供电电压和黄线驱动电压，但室外风机仍不运行，用手拨动室外风扇，以判断是否因轴承卡死造成的堵转时，感觉有异物卡住室外风扇，见图 7-31 左图，仔细查看为室外风机的连接线束和室外风扇相摩擦，目测已有引线断开。

断开空调器电源，仔细查看引线，见图 7-31 右图，发现为 15V 供电的白线断开。

维修措施： 见图 7-32，连接白线，使用绝缘胶布包好接头，再将线束固定在相应位置，使其不能移动。再次上电开机，电子膨胀阀复位结束后，压缩机运行，约 1s 后室外风机也开始运行，长时间运行不再停机，制冷恢复正常。

在室外风机运行时，使用万用表直流电压挡，黑表笔接黑线地线、红表笔接红线测量300V 电压约为 300V，红表笔接白线测量 15V 电压约为 15V，红表笔接黄线测量驱动电压为4.3V，红表笔接蓝线测量反馈电压为 9.9V。

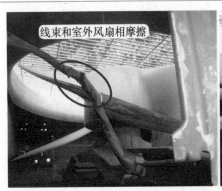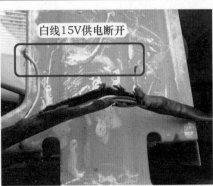

图 7-31　室外风机引线磨断

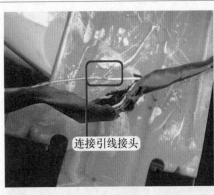

图 7-32　连接引线接头和固定线束

总结：

① 本例在维修时走了弯路，查看故障代码时不细心以及太相信代码内容。故障代码本上"室内直流风机异常（室内机显示 E14）"的序号位于上方，查看室外机主板指示灯闪 9 次时，在室内风机运行正常、室外风机不运行的前提下，判断室内风机出现故障，以至于更换室内机主板仍不能排除故障时，才再次认真查看故障代码本，发现室外机主板指示灯闪 9 次也代表"室外直流风机异常（室内机显示 F8）"，才去检查室外风机。

② 本例在压缩机运行、室外风机不运行，未首先检查室外风机的原因是，首次接触此型号的全直流变频空调器，误判为室外风机不运行是由于冷凝器温度低、室外管温传感器检测温度低才控制室外风机不运行，需要室外管温传感器温度高于一定值后才控制室外风机运行。但实际情况是压缩机运行后立即控制室外风机运行，不检测室外管温传感器的温度。

③ 本例室外风机线束磨损、引线断开的原因为，前一段时间维修人员更换压缩机，安装电控盒时未将室外风机的线束整理固定，线束和室外风扇相摩擦，导致 15V 供电白线断开，

室外风机内部电路板的控制电路因无供电而不能工作，室外风机不运行，室外机主板CPU因检测不到室外风机的转速反馈信号，停机进行保护。

二、　海尔直流风机损坏

故障说明：卡萨帝（海尔高端品牌）KFR-72LW/01B（R2DBPQXFC）-S1柜式全直流变频空调器，用户反映不制冷。

1. 查看室外机主板指示灯和直流风机插头

上门检查，使用遥控器开机，室内风机运行但不制冷，出风口为自然风。到室外机检查，室外风机和压缩机均不运行，取下室外机外壳和顶盖，见图7-33左图，查看室外机主板指示灯闪9次，查看代码含义为室外或室内直流电机异常。由于室内风机运行正常，判断故障在室外风机。

本机室外风机使用直流电机，用手转动室外风扇，感觉转动轻松，排除轴承卡死引起的机械损坏，说明故障在电控部分。

见图7-33右图，室外直流风机和室内直流风机的插头相同，均设有5根引线，其中红线为直流300V供电、黑线为地线、白线为直流15V供电、黄线为驱动控制、蓝线为转速反馈。

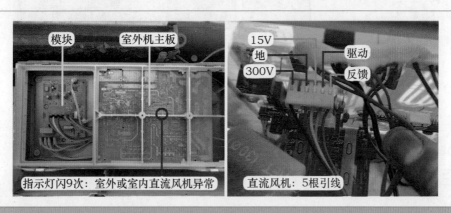

图7-33　室外机主板指示灯闪9次和室外直流风机引线

2. 测量300V和15V电压

使用万用表直流电压挡，见图7-34左图，黑表笔接黑线地线、红表笔接红线测量300V电压，实测为312V，说明主板已输出300V电压。

见图7-34右图，黑表笔不动依旧接黑线地线、红表笔接白线测量15V电压，实测约15V，说明主板已输出15V电压。

3. 测量反馈电压

见图7-35，黑表笔不动依旧接黑线地线、红表笔接蓝线测量反馈电压，实测约1V，慢慢用手转动室外风扇，同时测量反馈电压，蓝线电压约为1V～15V～1V～15V跳动变化，说明室外风机输出的转速反馈信号正常。

4. 测量驱动电压

将空调器重新上电开机，见图7-36，黑表笔不动依旧接黑线地线、红表笔接黄线测量驱动电压，电子膨胀阀复位后，压缩机开机始运行，约1s后黄线驱动电压由约0V上升至约

2V，再上升至约 4V，最高约 6V，再下降至约 2V，最后变为约 0V，但同时室外风机始终不运行，约 5s 后压缩机停机，室外机主板指示灯闪 9 次报出故障代码。

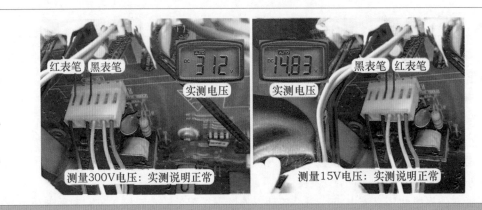

图 7-34　测量 300V 和 15V 电压

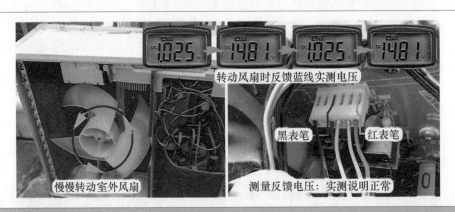

图 7-35　测量反馈电压

图 7-36　测量驱动电压

根据上电开机后驱动电压由 0V 上升至最高约 6V，同时在直流 300V 和 15V 供电电压正常的前提下，室外风机仍不运行，判断室外风机内部控制电路或线圈开路损坏。

➡ 说明：由于空调器重新上电开机，室外机运行约 5s 后即停机保护，因此应先接好万用表表笔，再上电开机。

维修措施：本机室外风机由松下公司生产，型号为 EHDS31A70AS，见图 7-37，申请同型号直流风机将插头安装至室外机主板，再次上电开机，压缩机运行，室外机主板不再停机保护，也确定室外风机损坏。更换室外风机后上电试机，室外风机和压缩机一直运行不再停机，制冷恢复正常。

在室外风机运行正常时，使用万用表直流电压挡，黑表笔接黑线地线、红表笔接黄线测量驱动电压为 4.2V，红表笔接蓝线测量反馈电压为 10.3V。

➡ 说明：本机如果不安装室外风扇，只将室外风机插头安装在室外机主板试机（见图 7-37 左图），室外风机运行时抖动严重，转速很慢且时转时停，但不再停机显示故障代码；将室外风机安装至室外机固定支架，再安装室外风扇后，室外风机运行正常，转速较快。

图 7-37　更换室外风机

三、 压缩机线圈短路

故障说明：海信 KFR-26GW/27BP 挂式交流变频空调器，开机后不制冷，到室外机查看，室外风机运行，但压缩机运行 15s 后停机。

1. 查看故障代码和测量模块

拔下空调器电源插头，约 1min 后重新上电，室内机 CPU 和室外机 CPU 复位，遥控器制冷模式开机，在室外机观察，压缩机首先运行，但约 15s 后停止运行，室外风机一直运行，见图 7-38 左图，模块板上指示灯报故障为"LED1 和 LED3 灭、LED2 闪"，查看代码含义为"IPM 模块故障"；在室内机按压遥控器上的"高效"键 4 次，显示屏显示故障代码为"05"，含义同样为"IPM 模块故障"。

断开空调器电源，待室外机主板开关电源电路停止工作后，拔下模块板上"P、N、U、V、W"的 5 根引线，使用万用表二极管挡，见图 7-38 右图，测量模块 5 个端子符合正向导通、反向截止的二极管特性，判断模块正常。

2. 测量压缩机线圈阻值

压缩机线圈共有 3 根连接线，分别为红（U）、白（V）、蓝（W），使用万用表电阻挡，测量压缩机线圈阻值，见图 7-39，测量红线和白线阻值为 1.6Ω、红线和蓝线阻值为 1.7Ω、白线和蓝线阻值为 2.0Ω，实测阻值不平衡，相差约 0.4Ω。

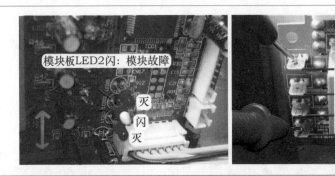

图 7-38　查看故障代码和测量模块

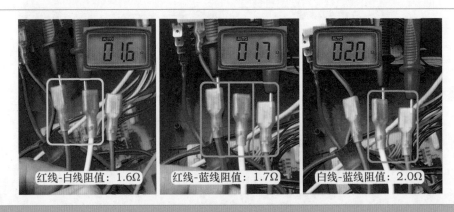

图 7-39　测量压缩机线圈阻值

3. 测量室外机电流和模块电压

恢复模块板上的 5 根引线，使用 2 块万用表，1 块为 UT202，见图 7-40，选择交流电流挡，钳头夹住室外机接线端子上 1 号电源 L 相线，测量室外机电流；1 块为 VC97，见图 7-41，选择交流电压挡，测量模块板上红线 U 和白线 V 电压。

图 7-40　测量室外机电流

重新上电开机，室内机主板向室外机供电后，电流约 0.1A；室外风机运行，电流约 0.4A；压缩机开始运行，电流开始直线上升，由 1A → 2A → 3A → 4A → 5A，电流约 5A 时压缩机停机，从压缩机开始运行到停机总共只有约 15s 的时间。

查看红线 U 和白线 V 电压，压缩机未运行时电压为 0V，运行约 5s 时电压为交流 4V，运行约 15s、电流约 5A 时电压为交流 30V，模块板 CPU 检测到运行电流过大后，停止驱动模块，压缩机停机，并报故障代码为"IPM 模块故障"，此时室外风机一直运行。

图 7-41　测量压缩机红线和白线电压

4. 手摸二通阀感觉温度和测量模块空载电压

在三通阀检修口接上压力表，此时显示静态压力约 1.2MPa（本机使用 R22 制冷剂），约 3min 后 CPU 再次驱动模块，压缩机开始运行，系统压力逐步下降，当压力降至 0.6MPa 时，压缩机停机，见图 7-42 左图，此时手摸二通阀已经变凉，说明压缩机压缩部分正常（系统压力下降、二通阀变凉），故障为电机中线圈短路引起（测量线圈阻值相差 0.4Ω，室外机运行电流上升过快）。

试将压缩机 3 根连接线拔掉，重新上电开机，室外风机运行，模块板 3 个指示灯同时闪，含义为正常升频无限频因素，模块板不再报"IPM 模块故障"，在室内机按压遥控器上的"高效"键 4 次，显示屏显示"00"，含义为无故障，使用万用表交流电压挡，见图 7-42 右图，测量模块板 U-V、U-W、V-W 电压均衡，开机 1min 后测量电压约为交流 160V，也说明模块输出正常，综合判断压缩机线圈短路损坏。

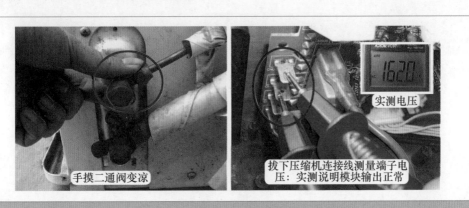

图 7-42　手摸二通阀感觉温度和测量模块空载电压

维修措施：见图 7-43，更换压缩机。压缩机型号为庆安 YZB-18R，工作频率为 30 ~ 120Hz、电压为交流 60 ~ 173V，使用 R22 制冷剂。铭牌上英文"ROTARY INVERTER COMPRESSOR"含义为旋转式变频压缩机。更换压缩机后顶空加氟至 0.45MPa，遥控器开机后模块板不再报"IPM 模块故障"，压缩机一直运行，空调器制冷正常，故障排除。

图 7-43　压缩机实物外形和铭牌